汉竹主编·健康爱家系列

花式营养早餐：

◄◄ 视频版 ►►

黄予 著

U0162187

江苏凤凰科学技术出版社
·南京·

图书在版编目（CIP）数据

花式营养早餐：视频版 / 黄予著 . — 南京：江苏凤凰科学技术出版社，2021.01（2024.04重印）
（汉竹•健康爱家系列）
ISBN 978-7-5713-1491-0

I.①花… Ⅱ.①黄… Ⅲ.①食谱 Ⅳ.① TS972.12

中国版本图书馆 CIP 数据核字（2020）第 203321 号

凤凰汉竹

中国健康生活图书实力品牌

花式营养早餐：视频版

著　　　者	黄予
主　　　编	汉竹
责 任 编 辑	刘玉锋
特 邀 编 辑	高晓炘
责 任 校 对	仲敏
责 任 监 制	刘文洋

出 版 发 行	江苏凤凰科学技术出版社
出版社地址	南京市湖南路 1 号 A 楼，邮编：210009
出版社网址	http://www.pspress.cn
印　　　刷	南京新世纪联盟印务有限公司

开　　　本	720 mm×1 000 mm　1/16
印　　　张	10
字　　　数	200 000
版　　　次	2021 年 1 月第 1 版
印　　　次	2024 年 4 月第 8 次印刷

标 准 书 号	ISBN 978-7-5713-1491-0
定　　　价	39.80元

图书如有印装质量问题，可向我社印务部调换。

自序

几乎每天都会听到不同的人在说——吃好早餐很重要。但真正能坚持下厨房做早餐的人却并不多。外卖如此便利，且不说健康问题，过快的生活节奏已经让我们丧失了一些"基本生活技能"。若你无法实现每日下厨，不妨先尝试一周一次，从最简单的早餐开始入手。

没想过自己写的第三本美食书依然还是早餐书，可见"早餐"从不过时。刚开始写食谱的时候，我也苦于"花样翻新"，写过一本汇集了百道食谱的早餐书，是不是再也翻不出新花样了？写着写着，拍着拍着，我发现早餐其实不需要"新花样"，早餐是我们一天中最轻便的一餐，不必花哨复杂，只需要将过往日子里那些熟悉的味道慢慢呈现就好。

孩子对美食拍摄过程也已经见惯不怪，他时常凑到我身旁"监工"，不仅帮我打灯、按视频快门，还会给我提意见"妈妈，我喜欢你做的酸辣汤，但是太辣了""可是不放辣椒就不是酸辣汤啦""那你换成胡椒粉嘛"……家人给了我很多的建议和启发，并帮助我改进了一些实际操作的方法，让菜谱更适合全家享用。

这本书延续了《早餐叫醒你》中"充分利用有限时间创作无限美味"的思路，也精选了书中一些最具读者口碑的菜谱做了升级，同时增加了更多新颖实用的新菜单。每一款食谱都拍摄了同步视频，让你看到更加直观的制作过程。

希望这本书可以帮助忙碌的你巧妙地利用家中的方便食物，快捷不出错地做好早餐、营养套餐。书中也附赠了一些创意早餐方案，这些食谱适合周末空闲时唤上家人一起做，这也应该算得上是一种有趣的家庭活动吧。

黄予

2020 年 12 月

目 录

米饭 1 碗 ≈ 200 克
大米 1 杯 ≈ 120 克
1 瓷勺 ≈ 8 克
1 茶匙 ≈ 5 克
1 汤匙 ≈ 15 克

本书中面食和快手烘焙等需要精确称量食物重量的食谱中，相关食材重量以"克"为单位计量；书中食谱标明的制作时间不包含准备时间。

暖胃汤粥

家常咸豆浆 …………… 10

家常菜泡饭 …………… 12

红豆年糕汤 …………… 14

三鲜汤年糕 …………… 15

海带味噌汤 …………… 16

南瓜小米粥套餐 …………… 18

燕麦藜麦粥 …………… 20

菜心牛肉粥 …………… 21

生滚鱼片粥 …………… 22

芹菜牛肉滑菇粥 ……… 24

虫草花鸡粥 …………… 26

菠菜猪肝粥 …………… 28

酸辣汤 …………… 30

番茄土豆浓汤 ………… 32

爽口面条

荷包蛋汤面 ……… 34

鸡汤面 ……… 36

番茄鸡蛋面疙瘩 …… 37

杂菌汤米线 ……… 38

金汤肥牛面 ……… 39

肉丸粉丝 ……… 40

鲜虾炒米粉 ……… 42

香椿鸡蛋酱拌面 …… 43

红烧酱拌面 ……… 44

麻酱什蔬荞麦面 …… 46

鱼饼炒乌冬面 ……… 48

豆干榨菜肉丝面 …… 50

阿姨炒面套餐 ……… 52

什锦猪骨拉面 ……… 54

卤牛腩汤面 ……… 56

葱油拌面 ……… 58

番茄口蘑肉酱拌面 …… 60

快手薄饼

鸡蛋培根烧饼 …………… 62

菠菜鸡蛋卷 ……………… 63

槐花香饼 ………………… 64

酱牛肉夹馍 ……………… 66

健康鸡肉饼 ……………… 68

香椿芽煎饼 ……………… 69

饺子皮酥脆葱油饼…… 70

香薯饼 …………………… 72

京葱肉饼 ………………… 74

什蔬薄皮烙饼 …………… 76

洋葱鸡肉派 ……………… 78

小摊蛋饼 ………………… 80

元气三明治

草莓吐司 ………………… 82

酸奶吐司杯 ……………… 83

吐司比萨套餐 …………… 84

口袋三明治 ……………… 86

巧克力华夫饼 …………… 88

早餐吐司卷套餐 …… 90

培根菠菜司康 …… 92

盒子三明治 …… 94

蛋奶西多士 …… 95

黄瓜鸡蛋三明治 …… 96

馄饨和饺子

菜肉大馄饨 …………… 98

鲜肉小馄饨 …………… 100

芹菜鲜肉冷馄饨 …… 102

茴香饺子 …………… 104

胡萝卜素饺 …………… 106

鲜笋木耳蒸饺 ……… 108

脆底冰花煎饺 ……… 110

脆皮生煎锅贴 ……… 111

抱蛋煎饺 ……………… 112

花样米饭

牛油果鸡蛋盖饭 …… 114

三文鱼牛油果盖饭 … 115

海苔肉松三角饭团 … 116

紫米粢饭卷 …………… 117

紫菜包饭 ……………… 118

什锦盖浇饭 …………… 120

快手亲子丼 ………… 122

腊味焖饭 …………… 123

小鱼干炒饭 ………… 124

生炒糯米饭 ………… 125

咸蛋黄肉粽 ………… 126

荠菜肉丝炒年糕 …… 128

包子、馒头、发糕

酱烤馒头片 ················ 130

金银馒头 ················ 131

鸡蛋蒸糕 ················ 132

葱肉包子 ················ 134

青菜木耳包子 ················ 136

葱香花卷 ················ 138

虾肉生煎包 ················ 140

虾仁鲜肉烧卖 ········· 142

烫面脆底玉米包 ······· 144

奶香馒头 ················ 146

创意早餐在家做

莓果多多早餐杯 ········· 148

桂花酒酿蛋 ················ 149

韩式葱腌鸡蛋 ················ 150

橄榄油番茄焗蛋 ················ 151

番茄沙拉 ················ 152

双薯炒肠仔 ················ 153

土豆沙拉 ················ 154

土豆泥芝士杯 ················ 156

无油鸡肉饭 ················ 158

暖胃汤粥

家常咸豆浆

15分钟

食材（2人份）

黄豆	1杯
紫菜	1把
油条	1根
小葱	1根
生抽	1茶匙
榨菜	1汤匙
盐	适量
虾皮	适量

早餐速配

主食	葱肉油饼
饮品	家常咸豆浆
水果	香蕉

好吃贴士

如时间仓促可以使用成品原味豆浆。若做给小朋友喝，按照实际情况可以适量减少虾皮、榨菜碎和生抽的用量。

提前准备

马上就做

❶黄豆洗净，放入碗中，倒入没过黄豆的清水，浸泡一夜。

❷黄豆连同浸泡的水一起倒入榨汁机，打成豆浆。

❸油条剪成约1厘米宽的小段。

❹小葱洗净、沥干，切碎；榨菜切碎。

❺将豆浆倒入锅中，大火煮至沸腾，转小火慢煮，其间倒入生抽。

❻依次放入紫菜、虾皮、榨菜碎，关火，加入盐，撒上葱花，放入油条段，搅拌均匀即可。

家常菜泡饭

 10分钟

扫一扫 跟着做

食材（3人份）

猪肉丝	1碗
大米	1杯
鸡蛋	1个
青菜（小）	1把
鲜香菇	2朵
料酒	1瓷勺
盐	1/2茶匙
淀粉	1茶匙
生抽	1茶匙
芝麻油	1茶匙
葱花	适量

早餐速配

主食	家常菜泡饭
坚果	核桃
水果	苹果

好吃贴士

早餐时间紧张，可以利用冷饭来制作泡饭。不仅缩短时间，也能消耗前一晚没吃完的米饭。

提前准备

❶ 大米洗净，放入电饭煲，按下预约煮饭键，根据自家电饭煲设置煮饭时间。

马上就做

❷ 盛出煮好的米饭备用。

❸ 鲜香菇洗净，切片；青菜洗净、去根，切段。

❹ 猪肉丝放入碗中，倒入淀粉、料酒、生抽，搅拌均匀备用。

❺ 米饭放入锅中，倒入适量清水，煮至沸腾，放入香菇片、猪肉丝，用筷子划散。

❻ 放入青菜段，转小火，鸡蛋打散后倒入锅中，用筷子划散，加入盐，盛出后撒上葱花，淋上芝麻油即可。

红豆年糕汤

15分钟

食材（2人份）

红豆	200克
日式年糕	2~4块
冰糖	1或2块

早餐速配

主食	红豆年糕汤
配菜	韩式葱腌鸡蛋
水果	蓝莓

扫一扫 跟着做

提前准备

马上就做

❶ 红豆洗净，放入锅中，倒入没过红豆的清水，浸泡一夜，夏季可以放入冰箱冷藏。

❷ 锅中放入冰糖，中火煮至红豆绵软，盛出稍晾凉。

❸ 烤箱预热200℃，年糕放入中层，烤4~6分钟，至年糕膨胀、表面呈金黄色。

❹ 烤好的年糕放入年糕汤中即可。

好吃贴士

煮红豆时间较长，早上赶时间，也可以用蒸炖锅或高压锅来煮红豆汤，无需在旁边调整火候，更加方便。日式年糕用烤箱烘烤或平底锅无油煎制比较方便，如果家中有直火烤架，建议用直火烤架来烤年糕，外酥里糯，风味更佳。

三鲜汤年糕

15分钟

食材（2人份）

猪肉丝	200克
年糕片	300克
胡萝卜	1/4段
小白菜（奶白菜）	1棵
蒜苗	2根
淀粉	1茶匙
料酒	1瓷勺
生抽	1瓷勺
盐	1/2茶匙
色拉油	适量

早餐速配

主食	三鲜汤年糕
坚果	腰果
水果	香蕉

扫一扫：跟着做

❶猪肉丝放入碗中，倒入料酒、生抽、淀粉，搅拌均匀，腌10分钟。

❷小白菜洗净、沥干，切成宽约3厘米的小段。

❸胡萝卜洗净、去皮，斜切成薄片。

❹蒜苗洗净、沥干，切成宽约3厘米的小段。

❺油锅烧热，爆香一半蒜苗段，放入胡萝卜片、猪肉丝，翻炒至猪肉丝半熟。

❻倒入2碗热水，放入年糕片，加入盐，煮沸后放入小白菜段，搅拌均匀，最后撒上剩下的蒜苗即可。

海带味噌汤

10分钟

食材（3人份）

海带结	200克
豆腐	1块
盐	1/2茶匙
味噌	1汤匙
芝麻油	适量
葱花	适量

早餐速配

主食	快手亲子丼
配汤	海带味噌汤
水果	圣女果

好吃贴士

海带结如果清洗不干净，会影响口感，建议提前浸泡半小时左右，冲洗干净后沥干使用。

❶ 豆腐切成约1.5厘米见方的小块。

❷ 海带结用清水冲洗干净，沥干后放在盘子中备用。

❸ 锅中倒入适量清水，煮至沸腾，放入海带结。

❹ 轻轻放入豆腐块，大火煮至沸腾。

❺ 转中火，用勺子挖取适量味噌，连勺子一起放入水中，用筷子搅拌至味噌溶化，放入盐调味。

❻ 盛出后根据个人口味淋上适量芝麻油，撒上葱花即可。

南瓜小米粥套餐

20 分钟

食材（3人份）

黄小米	1碗
南瓜	1块
鸡蛋	3个
秋葵	4~6根
柴鱼片	1把
盐	1茶匙
白砂糖	适量
色拉油	适量

早餐速配

主食	南瓜小米粥
配菜	秋葵炒鸡蛋
水果	猕猴桃

❶ 黄小米淘洗干净，放入锅中，加入适量清水，中火熬煮。

❷ 南瓜洗净、去皮，切成约1厘米见方的小丁。

❸ 待粥底浓稠，倒入适量清水，放入南瓜丁，搅拌均匀，煮5分钟。

❹ 食用时，可按个人口味加适量白砂糖。

❺ 秋葵洗净、去蒂，切成厚约1厘米的片。

❻ 油锅烧热，鸡蛋打散后倒入锅中，划散。

好吃贴士

煮快手粥还有一个办法：米泡好沥干后放入冰箱里冷冻，第二天沸水下锅，能快速煮开花。南瓜本身味道清甜，粥中可以不加白砂糖。

❼ 倒入秋葵片，加入盐，翻炒均匀。

❽ 秋葵炒熟后盛出，顶部放上柴鱼片即可。

燕麦藜麦粥

20分钟

食材（3人份）

米饭	1碗
藜麦	1瓷勺
即食燕麦	2瓷勺
枸杞子	适量

早餐速配

主食	燕麦藜麦粥
配菜	无油烤鸡块
水果	葡萄

❶ 米饭倒入锅中，加入适量清水，搅拌均匀。

❷ 大火煮沸后转中小火，倒入洗净的藜麦，搅拌均匀。

❸ 煮至米粒开花，倒入即食燕麦，搅拌均匀。

❹ 关火闷2分钟，盛出，点缀上提前泡好的枸杞子即可。

好吃贴士

即食燕麦易熟，煮好后口感绵软，建议最后再放，快手方便。藜麦快熟，煮制前可用冷水浸泡10~15分钟，可去除表面皂苷，更加营养健康。

菜心牛肉粥

30 分钟

食材（2 人份）

牛肉	100克
米饭	1碗
菜心	1小把
盐	1/2茶匙
生抽	1茶匙
淀粉	1茶匙
芝麻油	适量
色拉油	1茶匙
熟黑芝麻	适量

早餐速配

主食	菜心牛肉粥
坚果	腰果
水果	香蕉

❶米饭放入锅中，倒入适量清水，煮至浓稠。

❷牛肉洗净，切丝；菜心洗净沥干，切碎。

❸牛肉丝放入碗中，加入生抽、淀粉、色拉油，抓拌均匀，腌10分钟。

❹煮好的粥中加入盐、菜心碎，搅拌均匀。

❺倒入腌好的牛肉丝，搅拌均匀，烫约10秒。

❻关火盛出，淋上芝麻油，撒上熟黑芝麻即可。

生滚鱼片粥

20分钟

扫一扫 跟着做

22

食材（3人份）

大米	1杯
黑鱼	1条
油条	1/2根
淀粉	1瓷勺
料酒	2瓷勺
熟花生	适量
葱花	适量
葱段	适量
姜丝	适量
芝麻油	适量
色拉油	适量

早餐速配

主食	生滚鱼片粥
配菜	蚝油生菜

好吃贴士

提前一晚煮好白粥底，第二天早上起来煮沸后放入配料即可。

提前准备

❶大米淘洗干净，放入锅中，倒入适量清水，加入2或3滴色拉油，盖上盖子，大火煮沸。

❷转中小火，其间加入1或2次清水，用勺子不停搅拌以免粘底，煮至米粒开花，粥底浓稠，晾凉后盛出，放入冰箱，冷藏备用。

马上就做

❸黑鱼处理干净，片成薄片，放入碗中，倒入料酒、姜丝、葱段、淀粉，搅拌均匀，盖上保鲜膜腌制10分钟。

❹油条剪成段；准备好姜丝、葱花、熟花生。

❺粥底倒锅中，中火加热煮沸，逐片放入黑鱼片，轻轻推散，煮约10秒，关火。

❻盛出，放入油条段、熟花生、葱花、姜丝，淋上芝麻油即可。

芹菜牛肉滑菇粥

20 分钟

食材（3人份）

牛肉	100克
大米	1杯
虫草花	1把
芹菜	2根
鲜香菇	3朵
盐	1茶匙
芝麻油	1茶匙
淀粉	1/2瓷勺
色拉油	适量
姜丝	适量
枸杞子	适量

早餐速配

主食	芹菜牛肉粥
坚果	核桃
水果	苹果

好吃贴士

牛肉建议选用牛里脊，肉质细嫩且脂肪含量低，可根据所切的大小调整制作时间，避免肉质过老影响口感。

提前准备

❶大米洗净，放入电饭煲，根据自家电饭煲设置预约煮饭时间，待早晨直接盛出米饭备用。

马上就做

❷鲜香菇洗净后沥干，去蒂，切丁；芹菜洗净，切碎；虫草花洗净。

❸牛肉洗净，切片，放入碗中，倒入1瓷勺色拉油、淀粉、姜丝、1/2茶匙盐，抓拌均匀。

❹锅内放入米饭和清水，加入1或2滴色拉油，大火煮沸后转中小火，其间加1或2次水，搅拌至浓稠。

❺放入香菇丁、1/2茶匙盐，搅拌均匀，煮1分钟后逐片放入牛肉片，煮约10秒。

❻放入虫草花、芹菜碎，搅拌均匀后盛出，淋上芝麻油，点缀上洗净的枸杞子即可。

虫草花鸡粥

食材（3人份）

鸡腿肉	300克
虫草花	1把
大米	1杯
盐	1茶匙
枸杞子	适量
料酒	适量
鸡精（可选）	适量

早餐速配

主食	虫草花鸡粥
配菜	蚝油青菜
水果	橙子

好吃贴士

用去骨鸡腿肉来切丁，能大大缩短炖煮时间，若时间充足也可以直接炖煮切好的鲜鸡肉块。

提前准备

❶ 大米洗净，放入电饭煲，根据自家电饭煲设置预约煮饭时间，待早晨直接盛出米饭备用。

马上就做

❷ 鸡腿肉洗净，切丁，放入碗中，加入1/2茶匙盐，搅拌均匀。

❸ 加料酒腌10分钟，抓拌均匀。

❹ 米饭倒入锅中，加入适量清水，大火煮沸后转中火，熬成粥底，加入鸡肉丁，推散。

❺ 加入1/2茶匙盐和鸡精调味，搅拌均匀，待鸡肉九分熟时，放入洗净的虫草花。

❻ 撒上洗净的枸杞子，关火，盖上锅盖，闷1分钟盛出即可。

菠菜猪肝粥

10 分钟

扫一扫 跟着做

食材（2人份）

菠菜	1把
猪肝	1块
大米	1杯
熟花生	2~4粒
盐	1茶匙
淀粉	1瓷勺
生抽	1瓷勺
芝麻油	适量
料酒	2瓷勺
葱段	适量
姜丝	适量

早餐速配

主食	菠菜猪肝粥
水果	苹果

好吃贴士

用砂锅煮粥，能让米粒均匀受热，保温效果更好，所以粥更加浓稠有滋味。

提前准备

❶取一砂锅，倒入洗净的大米，加入适量清水，熬成粥底，晾凉后盛出，放入冰箱，冷藏备用。（粥底的详细做法见本书第23页）

马上就做

❷菠菜洗净、沥干，切成宽约2厘米的小段。

❸猪肝洗净，片成薄片，放入碗中，加入葱段、姜丝、生抽、料酒、淀粉，搅拌均匀，盖上保鲜膜，腌10分钟。

❹另取一锅，倒入粥底，中火煮沸，逐片放入腌好的猪肝片，轻轻推散。

❺加入盐，放入菠菜段，搅拌均匀。

❻关火盛出，撒上熟花生、姜丝，淋上芝麻油。

酸辣汤

20 分钟

食材（2 人份）

胡萝卜	1/2根
火腿肠	1根
香菜	1根
金针菇	1把
豆腐干	1片
黑木耳（鲜）	1小把
鲜香菇	3朵
盐	1/2茶匙
白砂糖	1/2茶匙
醋	1瓷勺
生抽	1瓷勺
淀粉	1茶匙
黑胡椒碎（现磨）	适量

早餐速配

主食	鸡蛋饼
配汤	酸辣汤
水果	杧果

好吃贴士

早餐不宜吃得过于辛辣，建议酸辣汤不另加辣椒粉，适量撒点黑胡椒碎，让汤变得鲜香，但又不会过于辛辣。根据个人口味，制作时可以放入鸡蛋，营养更丰富。

❶ 黑木耳、鲜香菇洗净，沥干后分别切段、切片。

❷ 豆腐干切片；金针菇洗净、去根，掰开。

❸ 胡萝卜洗净、去皮，切丝。

❹ 火腿肠切小段；香菜洗净、沥干，切碎备用。

❺ 淀粉和2瓷勺清水倒入碗中，搅拌均匀即成水淀粉。

❻ 锅中倒入适量清水，煮沸，放入木耳段、香菇片、金针菇、豆腐干片、胡萝卜丝。

❼ 中火煮1分钟，加入白砂糖、盐、生抽、醋，搅拌均匀。

❽ 放入火腿肠段、倒入水淀粉，研磨上黑胡椒碎，撒上香菜碎即可。

番茄土豆浓汤

30分钟

食材（3人份）

牛肉	300克
胡萝卜	1~2根
土豆	2~3个
番茄	3个
白砂糖	1茶匙
盐	1茶匙
番茄酱	1汤匙
欧芹碎（现磨）	适量
干香叶	1片
色拉油	适量

早餐速配

主食	番茄土豆浓汤
配菜	法式长棍面包
水果	猕猴桃

扫一扫 跟着做

❶ 牛肉冲洗干净、沥干，切小块；胡萝卜、土豆洗净、去皮，切滚刀块。

❷ 番茄洗净，背面用刀轻轻划"十"字，不要切太深，只需划开表皮。

❸ 锅中烧开水，放入番茄，烫约30秒，表皮翻卷立刻捞出，撕去表皮，切片。

❹ 油锅烧热，倒入番茄片，翻炒出汁，放入番茄酱，炒匀，再依次放入牛肉块、土豆块、胡萝卜块和水。

❺ 翻炒均匀，转中小火，放入盐、白砂糖。

❻ 锅中放入干香叶，盖上锅盖，炖至牛肉酥软后盛出，研磨上欧芹碎即可。

{爽口面条}

荷包蛋汤面

15分钟

食材（2人份）

面条	100~150克
鸡蛋	2个
青菜（小）	4棵
盐	1茶匙
葱花	适量
色拉油	适量

早餐速配

主食	荷包蛋汤面
配菜	四喜烤麸
水果	桃子

好吃贴士

简单又美味的荷包蛋汤面是速手早餐的不二选择。煎过的鸡蛋熬出香浓的汤，汤底微微发白，风味既比家常素面浓郁，又不会过分油腻。

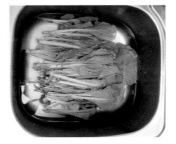

❶青菜洗净、沥干。

❷油锅烧热，打入鸡蛋，煎至两面金黄。

❸煎好的荷包蛋无需取出，锅中倒入适量热水，煮沸。

❹锅内的水煮至微微泛白，加入盐，放入青菜，烫熟后关火。

❺另取一锅，倒入适量清水，煮至沸腾，放入面条，煮熟后捞出沥干。

❻将面条盛入碗中，倒入荷包蛋汤，放入荷包蛋、青菜，撒上葱花即可。

鸡汤面

30 分钟

食材（2 人份）

面条	150克
鸡	半只
青菜（小）	2棵
鲜香菇	2~4朵
盐	1茶匙

早餐速配

主食	鸡汤面
配菜	荷包蛋
水果	草莓

扫一扫 跟着做

提前准备　　　马上就做

❶ 鸡肉处理干净后放入锅中，倒入适量清水，中小火熬煮1~2小时，盛出晾凉，冷藏备用。

❷ 鲜香菇洗净、去蒂，一部分顶部切"十"字，剩余的切片；青菜洗净，去根。

❸ 另取一锅，倒入适量清水，煮沸，放入面条，煮至九成熟，放入青菜、鲜香菇烫熟。

❹ 鸡汤盛入碗内，加入盐调味，放入面条，放入香菇和青菜即可。

好吃贴士

可以用干香菇炖鸡汤，提前泡发好后放入鸡汤熬煮，鸡汤的滋味更加鲜香。家常面条可搭配卤牛肉片等食用，卤菜也可以提前做好放入冰箱冷藏，如果早上时间充裕，现做荷包蛋更好，营养又美味。

番茄鸡蛋面疙瘩

\ 10分钟 /

食材（2 人份）

面疙瘩	1份
番茄	2个
鸡蛋	2个
白砂糖	1/3茶匙
盐	1/2茶匙
葱花	适量
色拉油	适量

早餐速配

主食	番茄鸡蛋面疙瘩
水果	柚子

❶ 番茄洗净、去蒂，切小块；鸡蛋打散备用。

❷ 油锅烧热，倒入蛋液，翻炒至半凝固推至锅的一侧，倒入番茄块。

❸ 鸡蛋炒碎，翻炒至番茄出汁，倒入适量清水，盖上锅盖，中火煮至沸腾。

❹ 倒入面疙瘩，搅拌均匀，不时搅拌一下，防止粘底。

❺ 待面疙瘩煮熟，放入盐、白砂糖。

❻ 盛出后撒上葱花即可。

杂菌汤米线

15分钟

食材（2人份）

什锦菌菇	适量
大葱	1根
米线	200克
姜	2片
盐	1茶匙
色拉油	适量

早餐速配

主食	杂菌汤米线
配菜	卤鸡蛋
水果	橘子

扫一扫 跟着做

❶ 菌菇洗净；大葱洗净，切丝；油锅烧热，爆香姜片。

❷ 倒入菌菇，炒至变软出汁，加入适量清水，煮沸后加入盐，翻炒均匀，盖上锅盖，小火焖2分钟后关火。

❸ 另取一锅，倒入适量清水，煮至沸腾，放入米线。

❹ 米线煮熟后盛出，放入菌菇，浇上菌菇汤，点缀上葱丝即可。

好吃贴士

米线可以选购超市内的半成品熟米线，无需泡发，方便快捷。什锦菌菇的种类可以根据自己的口味选择，什锦菌菇本身就非常鲜香，无需特别调味。

金汤肥牛面

10分钟

食材（2人份）

面条	200克
肥牛片	100克
金针菇	1把
瓠瓜	1/2根
小米椒	1根
线椒	2根
香菜	1把
小葱	1把
酸汤肥牛汤料	1包
蒜瓣	适量
色拉油	适量
熟黑芝麻	适量

早餐速配

主食	金汤肥牛面
水果	苹果

扫一扫 跟着做

❶ 瓠瓜洗净，切片；金针菇洗净，去根。

❷ 线椒、小米椒洗净，切圈；蒜瓣洗净、去皮，切片；小葱、香菜洗净，切碎。

❸ 油锅烧热，爆香蒜片、线椒圈，倒入酸汤肥牛汤料，加入适量清水，搅拌均匀，盖上锅盖，煮至沸腾。

❹ 放入瓠瓜片和金针菇，煮至稍微变软，放入肥牛片，煮熟后关火。

❺ 另取一锅，倒入适量清水，煮至沸腾，放入面条煮熟，捞出。

❻ 盛好面条，倒入煮好的肥牛汤底，撒上小米椒圈、葱花、熟黑芝麻、香菜碎即可。

肉丸粉丝

15分钟

扫一扫 跟着做

食材（3人份）

食材	分量
绿豆粉丝	50克
猪肉糜	1碗
鸡蛋	1个
葱花	适量
姜末	适量
菜心	3~4棵
芝麻油	3~5滴
香菜碎	适量
五香粉	适量
盐	1茶匙
生抽	1/2茶匙
老抽	1茶匙
料酒	2汤匙
鸡精（可选）	适量
白胡椒粉	适量

早餐速配

主食	肉丸粉丝
坚果	碧根果
水果	橙子

好吃贴士

包饺子、馄饨时，常常不知道多余的馅料该怎么处理，其实可以将其冷藏保存好，第二天早上用来制作这么一道肉丸粉丝，粉丝也可以换成面条。

提前准备

马上就做

❶ 猪肉糜放入碗中，打入鸡蛋，倒入葱花、姜末、生抽、老抽、鸡精、白胡椒粉、1/2茶匙盐、1汤匙料酒、五香粉，搅拌上劲，盖上保鲜膜，冷藏备用。

❷ 菜心洗净，去根。

❸ 锅中倒入适量清水，煮至沸腾，用小勺挖取肉馅成团，依次放入沸水中，煮1分钟。

❹ 放入绿豆粉丝，煮至九分熟时，放入菜心，放入1汤匙料酒、1/2茶匙盐，搅拌均匀。

❺ 盛出装盘，撒上香菜碎，淋上芝麻油即可。

鲜虾炒米粉

10分钟

食材（2人份）

干米粉	200克
大虾	4~6只
鸡蛋	2个
韭菜	1把
生抽	1汤匙
色拉油	适量

早餐速配

主食	鲜虾炒米粉
坚果	核桃
水果	蓝莓

提前准备　　马上就做

❶ 干米粉提前用温水浸泡，泡软后取出备用。

❷ 大虾洗净，去壳开背，去除虾线。

❸ 鸡蛋打入碗中，用打蛋器打散。

❹ 韭菜洗净、沥干，切小段。

❺ 油锅烧热，放入大虾，翻炒至半熟，将大虾推至一边，倒入蛋液，翻炒均匀。

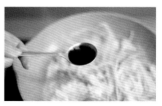

❻ 放入米粉，翻炒均匀，倒入生抽调味，加入适量清水、韭菜段，翻炒均匀即可。

香椿鸡蛋酱拌面

15分钟

扫一扫 跟着做

食材（2人份）

面条	200克
鸡蛋	2个
香椿芽	1把
甜面酱	1汤匙
色拉油	适量

早餐速配

主食	香椿鸡蛋酱拌面
饮品	家常咸豆浆
水果	橙子

❶ 香椿芽洗净，放入沸水烫至变色，捞出沥干，切碎。

❷ 鸡蛋打入碗中，用筷子打散。

❸ 甜面酱倒入碗中，加入1汤匙热水，搅拌均匀。

❹ 油锅烧热，倒入蛋液，炒至半熟，放入香椿芽碎、甜面酱汁，翻炒均匀。

❺ 另取一锅，倒入适量清水，煮至沸腾，放入面条，煮熟后捞起。

❻ 面条装入碗中，放上香椿芽鸡蛋酱，搅拌均匀，点缀上香椿芽叶即可。

红烧酱拌面

20 分钟

食材（2人份）

食材	用量
面条	200克
猪肉糜	250克
洋葱	1/2个
青菜（小）	1棵
胡萝卜	1根
白砂糖	1茶匙
盐	1/2茶匙
生抽	1茶匙
老抽	1/2茶匙
料酒	1瓷勺
甜面酱	1汤匙
熟黑芝麻	适量
葱花	适量
小米椒圈	适量
色拉油	适量
鸡精（可选）	适量

早餐速配

主食	红烧酱拌面
配菜	木耳炒青菜
饮品	橙汁

好吃贴士

胡萝卜尽量切得碎一些，这样更容易煮熟；如果时间充足，肉酱也可以在早晨直接做，味道更鲜美。

提前准备

❶洋葱去皮，切碎；胡萝卜洗净、去皮，切碎。

❷猪肉糜放入碗中，倒入洋葱碎、胡萝卜碎、生抽、老抽、盐、白砂糖、料酒、葱花、鸡精，搅拌均匀。

马上就做

❸油锅烧热，倒入猪肉糜，翻炒均匀，加入甜面酱和1碗清水，翻炒均匀，转小火，盖上锅盖，焖2分钟成肉酱。

❹青菜洗净，去根，放入沸水中，烫熟后捞出备用。

❺另取一锅，倒入适量清水，煮至沸腾，放入面条，用筷子轻轻搅散。

❻面条煮熟后捞出装盘，淋上肉酱，放入青菜，撒上熟黑芝麻、小米椒圈即可。

麻酱什蔬荞麦面

10 分钟

食材（2人份）

荞麦面	200克
胡萝卜	1/2根
黄瓜	1/2根
白芝麻	1碗
芝麻酱	1汤匙
白砂糖	1/2茶匙
盐	1/2茶匙
味噌	1瓷勺
生抽	1瓷勺
线椒圈	适量
鸡精（可选）	适量

早餐速配

主食 麻酱什蔬荞麦面

饮品 橙汁

好吃贴士

白芝麻一次可以多炒一些，炒好的白芝麻晾凉后，装入密封罐，可冷藏保存3~5天，随用随取。

❶ 胡萝卜洗净、去皮，擦丝。

❷ 黄瓜洗净、沥干，擦丝。

❸ 荞麦面放入沸水锅中，焯烫片刻，捞出后放入冷水中备用。

❹ 白砂糖、味噌、生抽、清水、鸡精、芝麻酱、盐倒入碗中，搅拌均匀即成麻酱料。

❺ 平底锅大火烧热，转中小火，倒入白芝麻，翻炒至出香、有油脂析出后，关火，其间要不停地翻炒，防止炒焦。

❻ 捞出荞麦面，倒入麻酱料，放上胡萝卜丝、黄瓜丝、熟白芝麻和少量线椒圈即可。

鱼饼炒乌冬面

15 分钟

食材（2人份）

食材	用量
乌冬面	200克
卷心菜	1/2棵
洋葱	1/2个
鱼饼	1片
胡萝卜	1根
大葱	1段
盐	1/2茶匙
老抽	1茶匙
白砂糖	1茶匙
红椒粉	1茶匙
蚝油	1瓷勺
生抽	1瓷勺
白芝麻	适量
芝麻油	适量
色拉油	适量

早餐速配

主食	鱼饼炒乌冬面
配菜	水煮蛋
水果	橙子

好吃贴士

传统的韩式辣炒乌冬面口味较重，早餐应该做得清淡些，所以这道料理并没有放入辣椒和口味过重的酱料调味，只用了味道相对平和的红椒粉提味，不爱吃辣的人也可尽情享用。

❶ 洋葱去皮、洗净，切条；大葱洗净，切丝。

❷ 鱼饼切段；卷心菜洗净，切丝；胡萝卜洗净、去皮，擦丝。

❸ 锅中倒入适量清水，煮至沸腾，放入乌冬面，用筷子搅散，煮熟后过冷水。

❹ 油锅烧热，爆香大葱丝、洋葱条，倒入胡萝卜丝、卷心菜丝、鱼饼段，翻炒均匀。

❺ 盐、蚝油、生抽、老抽、白砂糖、红椒粉混合均匀，倒入锅中，继续翻炒。

❻ 乌冬面捞出、沥干，倒入锅中，翻炒均匀，加入白芝麻和芝麻油即可。

豆干榨菜肉丝面

扫一扫 跟着做

10 分钟

食材（2人份）

面条	200克
猪肉丝	150克
豆腐干	4块
榨菜	2包
芝麻油	1/2茶匙
淀粉	1茶匙
生抽	适量
料酒	1瓷勺
葱花	适量
熟黑芝麻	适量
色拉油	适量

早餐速配

主食	豆干榨菜肉丝面
水果	圣女果

好吃贴士

豆干榨菜肉丝可以提前一晚做好，早上吃时加热即可。不赶时间的话，还是现吃现做味道更好，无论配饭还是配面，口味都相宜。

提前准备

❶ 猪肉丝放入碗中，倒入淀粉、1茶匙生抽、料酒，搅拌均匀。

❷ 豆腐干切条备用。

❸ 油锅烧热，倒入猪肉丝，翻炒至半熟，倒入豆腐干条，翻炒均匀。

❹ 倒入榨菜丝、适量清水、1瓷勺生抽，翻炒均匀即成面浇头，可冷藏保存。

马上就做

❺ 取一锅，倒入适量清水，煮至沸腾，放入面条，煮熟后捞出，沥干备用。

❻ 碗中放入1茶匙生抽、葱花、芝麻油、面条，倒入适量面汤，搅拌均匀，淋上浇头，撒上熟黑芝麻即可。

阿姨炒面套餐

\ 15分钟 /

食材（2人份）

食材	分量
面条（细面）	200克
虾仁（河虾）	1碗
青菜（小）	1把
鲜香菇	2朵
盐	1茶匙
白砂糖	1茶匙
老抽	1/2汤匙
醋	2瓷勺
生抽	2瓷勺
料酒	1瓷勺
葱花	适量
色拉油	适量

早餐速配

主食	阿姨炒面
配菜	香菇青菜
水果	柚子

好吃贴士

这道炒面的做法是苏式"两面黄"的简易版，小时候家住苏州的阿姨经常做，所以我一直称它为"阿姨炒面"。这款炒面看似复杂，实际操作并不难，关键是面条入油锅后要勤翻动，而那一勺酸甜可口的调味汁是这道料理的灵魂，必不可少。

❶ 油锅烧热，倒入虾仁、料酒，翻炒均匀，盛出备用。

❷ 醋、生抽、老抽、白砂糖、1/2茶匙盐倒入碗中，搅拌均匀，即成调味汁。

❸ 锅中倒入适量清水，煮至沸腾，放入面条，煮至九成熟后捞出，过冷水，沥干。

❹ 锅中倒入适量油，烧热后放入面条，不停翻动，炒至一面呈焦黄色，翻面。

❺ 倒入调味汁，翻炒均匀，将面条炒干，略带焦脆。

❻ 盛出面条，放上虾仁、葱花即可。

❼ 青菜洗净；鲜香菇洗净，切片。

❽ 油锅烧热，倒入青菜和香菇片，加入1/2茶匙盐和适量水，翻炒均匀后盛出即可。

什锦猪骨拉面

20 分钟

食材（2人份）

拉面	150克
猪里脊	1条
胡萝卜	1/2根
黑木耳（干）	1把
春笋	1根
卷心菜	3~4片
娃娃菜	4~6片
日式猪骨汤料	1包
淀粉	1茶匙
生抽	1瓷勺
料酒	1瓷勺
熟白芝麻	适量
色拉油	适量

早餐速配

主食	什锦猪骨拉面
水果	草莓

好吃贴士

网店里可以买到各种口味的日式拉面汤料，对于上班族来说非常方便。追求更加健康的饮食，也可以不加汤包，炒过的猪肉和蔬菜自带鲜味，直接加水煮开，简单又美味。

❶猪里脊切片，用料酒、生抽、淀粉翻拌均匀，腌5分钟。

❷卷心菜洗净，切条；黑木耳提前用清水泡发；娃娃菜洗净，切条。

❸胡萝卜洗净、去皮，切片后切"十"字；春笋去壳、洗净，切片。

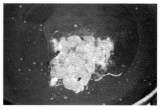

❹油锅烧热，放入猪肉片，翻炒至五分熟，推至一边。

❺倒入所有配菜，翻炒均匀，倒入热水，煮沸后关火。

❻另取一锅，倒入适量清水，煮沸，倒入面条，煮熟后捞出。

❼碗中倒入日式猪骨汤料，加入适量热水，搅拌均匀。

❽倒入面条，淋上浇头，撒上适量熟白芝麻即可。

卤牛腩汤面

扫一扫 跟着做

食材（2人份）

面条（宽面）	200克
牛腩	2条
青菜（小）	1把
洋葱	1个
大葱段	适量
胡萝卜	1根
姜	3片
冰糖	4~6颗
盐	适量
蚝油	1瓷勺
老抽	1瓷勺
生抽	2瓷勺
香料包	1个
熟白芝麻	适量
小米椒圈	适量

早餐速配

主食	卤牛腩汤面
水果	蓝莓

好吃贴士

炖煮牛腩可以用铸铁锅或高压锅，能够大大缩短制作时间。

提前准备

❶ 牛腩洗净，切块；洋葱去皮、洗净，"十"字切开；胡萝卜洗净、去皮，切块。

❷ 牛腩块、洋葱块、大葱段、香料包、冰糖、蚝油、老抽、生抽、姜片放入锅中。

❸ 加入适量清水，煮沸后中小火炖30分钟，放入胡萝卜块，炖约15分钟至牛腩酥软，晾凉后冷藏。

马上就做

❹ 青菜洗净；取一段大葱段的葱白切圈备用。

❺ 锅中倒入适量清水，煮至沸腾，放入面条，煮至九分熟时放入青菜，烫熟后捞出，沥干。

❻ 将牛腩加热，碗中倒入盐、2汤匙卤牛腩汁、热水，放入面条、牛腩、胡萝卜块、青菜，点缀上大葱圈、小米椒圈和熟白芝麻即可。

葱油拌面

15 分钟

食材（2人份）

面条	200克
小葱	1把
盐	1茶匙
白砂糖	1瓷勺
生抽	2瓷勺
老抽	2瓷勺
色拉油	适量

早餐速配

主食	葱油拌面
饮品	家常咸豆浆
水果	橙子

好吃贴士

熬葱油也可以加入洋葱丝一起炸，味道中更添一层洋葱的清甜与辛辣，滚油遇水会溅，操作时要小心。熬好的葱油一次吃不完，晾凉后装入密封罐内常温保存，需要时随时取用，能够节省不少制作时间。

提前准备

❶ 小葱洗净，擦干水分，切去葱白，剩下部分切段。

❷ 生抽、老抽、盐、白砂糖放入碗中，搅拌均匀成酱汁。

❸ 热锅冷油，放入葱段，小火炸至酥脆出香味，捞出，关火，建议选择无明显香气的色拉油炸制。

❹ 待油温稍微下降，缓缓倒入酱汁，开小火，边搅拌边熬至出泡，关火，晾凉。

马上就做

❺ 锅中倒入适量清水，煮沸，放入面条，煮熟后捞出沥干。

❻ 面条放入碗中，淋上葱油，搅拌均匀即可。

番茄口蘑肉酱拌面

30 分钟

食材（2人份）

面条	200克
猪肉糜	100克
番茄	3个
口蘑	6~8个
白砂糖	1/2茶匙
番茄酱（可选）	1瓷勺
葱花	适量
熟黑芝麻	适量
色拉油	适量
盐	适量

早餐速配

主食	番茄口蘑肉酱拌面
水果	猕猴桃

扫一扫 跟着做

❶ 口蘑洗净、去蒂，体积较大的对半切开。

❷ 番茄洗净、沥干，切小丁。

❸ 锅中倒入适量清水，煮至沸腾，放入面条，煮至八分熟，捞出后放入冷水中备用。

❹ 另取一锅，倒入适量油，热至五成，倒入番茄丁，翻炒出汁，推至一边，倒入猪肉糜，翻炒均匀。

❺ 猪肉糜炒至半熟，倒入口蘑、半碗清水、盐、白砂糖，翻炒均匀。可加入番茄酱调味。

❻ 转小火，放入面条，翻炒均匀，略收汁后撒上葱花和熟黑芝麻即可。

快手薄饼

鸡蛋培根烧饼

\ 20 分钟 /

食材（2 人份）

鸡蛋	1或2个
生菜	2~3片
培根	2片
烧饼	2个
色拉油	适量

早餐速配

主食	鸡蛋培根烧饼
饮品	家常豆浆
水果	圣女果

❶烤箱预热165℃，中层，放入烧饼，烤3~5分钟，烤至烧饼酥脆。

❷油锅烧热，打入鸡蛋，煎成两面金黄的荷包蛋，放入培根，煎至两面微焦。

❸生菜洗净，用厨房纸擦干表面水分，切去根部。

❹烧饼从侧面切开，铺上生菜、培根、荷包蛋，盖上另一半烧饼，对半切开。

好吃贴士

提前买的烧饼须放入烤箱复烤一下。刚烤完的烧饼口感香脆，建议放在通风处，让热气尽快散去，以免饼身受潮，口感就变得不那么酥脆了。

25分钟 菠菜鸡蛋卷

食材（2人份）

胡萝卜	1/2根
菠菜	1把
鸡蛋	3个
鲜香菇	2~4朵
白砂糖	1/2茶匙
鸡汁	适量
盐	1/2茶匙
色拉油	适量

早餐速配

主食	菠菜鸡蛋卷
配汤	红豆汤
水果	蓝莓

扫一扫 跟着做

❶ 菠菜洗净、沥干，切碎。

❷ 鲜香菇洗净、去蒂，切碎；胡萝卜洗净、去皮，放入料理机打碎。

❸ 菠菜碎、香菇碎、胡萝卜碎放入碗中，打入鸡蛋，倒入白砂糖、盐、鸡汁，搅拌均匀。

❹ 油锅烧热，放入适量蛋液，轻轻摇晃锅身，使蛋液平铺。

❺ 待蛋液半凝固时，用铲子将蛋饼的一端翻起，慢慢将蛋饼卷起。

❻ 煎至全熟后取出，用吸油纸吸去多余的油，稍晾凉后切段。

槐花香饼

15 分钟

扫一扫 跟着做

食材（2人份）

洋槐花	65克
鸡蛋	2个
五香粉	1/2茶匙
盐	1/2茶匙
面粉	1汤匙
色拉油	适量

早餐速配

主食	槐花香饼
配汤	菠菜豆腐
水果	梨

好吃贴士

清洗槐花的时候可以在水中加入少许盐，这样能洗得更加干净。槐花一次吃不完，可以放在阴凉通风处，晾干表面的水分，用保鲜袋分装起来，放入冰箱冷冻保存，随用随取，味道依然新鲜。

提前准备

❶ 洋槐花挑去残花，冲洗干净，沥干后放入碗中。

马上就做

❷ 倒入五香粉、盐，打入鸡蛋，倒入面粉，搅拌均匀。

❸ 油锅烧热，倒入拌好的槐花饼料，用锅铲轻推，整理平表面。

❹ 盖上锅盖，中小火，烘熟饼底。

❺ 将饼翻面，用锅铲轻轻按压饼身，煎至金黄色即可。

❻ 用吸油纸吸掉多余的油，将饼切开即可。

酱牛肉夹馍

 30 分钟

食材（2人份）

食材	分量
牛腱	1条
生菜	1棵
鸡蛋	2个
白吉馍	2个
盐	2茶匙
姜	3片
卤包	1个
大葱	2段
冰糖	4~6颗
大蒜	4~6瓣
蚝油	1瓷勺
熟白芝麻	适量
彩椒丝	适量
老抽	1瓷勺
生抽	2瓷勺
色拉油	适量

早餐速配

主食	酱牛肉夹馍
配汤	紫菜虾米汤
水果	杧果

好吃贴士

白吉馍表皮焦香酥脆，馍瓤绵软可口，被誉为"铁圈虎背菊花心"，提前买好的馍建议在制作前复烤一下，可以用烤箱，也可以用电饼铛，都很方便。

提前准备

❶ 将牛腱、葱段、姜片、卤包、蒜瓣放入高压锅，继续放入盐、冰糖、蚝油、老抽、生抽，再加入适量清水。

❷ 大火上汽后，中火煮10分钟，转小火煮5~10分钟，关火，等蒸汽散尽后开盖。

马上就做

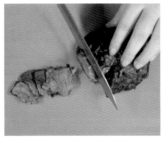

❸ 取出牛肉，晾凉后切片，装盘时淋上卤汁，冷藏备用。

❹ 烤箱预热170℃，放入白吉馍，中层，烤3分钟，取出片开。

❺ 油锅烧热，打入鸡蛋，煎至两面金黄；生菜洗净，用厨房纸擦干表面水分。

❻ 将生菜、荷包蛋、酱牛肉片塞入白吉馍中，撒上熟白芝麻和彩椒丝。

健康鸡肉饼

20分钟

食材（2人份）

食材	用量
鸡胸肉	1块
鸡蛋	1个
胡萝卜	1根
西蓝花	1朵
盐	1茶匙
料酒	1/2瓷勺
淀粉	1瓷勺
生抽	1瓷勺
熟玉米粒	2瓷勺
鸡精（可选）	适量
色拉油	适量

早餐速配

主食	健康鸡肉饼
饮品	家常咸豆浆
水果	圣女果

❶西蓝花洗净，切块；胡萝卜洗净、去皮，切块；用料理机打碎后盛出。

❷鸡胸肉洗净，切块，倒入蔬菜碎，用料理机打碎，再倒入熟玉米粒，搅拌均匀。

❸放入盐、鸡精、料酒、淀粉、生抽，打入鸡蛋，搅拌均匀。

❹鸡蛋汉堡锅中刷一层色拉油，开中火，放入肉泥。（汉堡锅可以用平底锅替代，提前将肉泥整成圆饼即可。）

❺煎至底部凝固，用锅铲或硅胶铲铲出翻面。

❻煎至肉饼两面金黄即可。

食材（3人份）

香椿芽	1把
红彩椒	1个
鸡蛋	3个
鸡精（可选）	1/2茶匙
盐	1/2茶匙
五香粉	适量
色拉油	适量

早餐速配

主食	香椿芽煎饼
饮品	大麦茶
水果	橙子

20分钟

香椿芽煎饼

扫一扫 跟着做

❶香椿芽洗净，放入沸水中烫10秒，捞出沥干，切碎；红彩椒洗净，切碎放入碗中。

❷打入鸡蛋，放入盐、鸡精、五香粉，搅拌均匀。

❸平底锅热油，倒入混合好的蛋液，转中火，用铲子轻推蛋液，使其平铺在锅底。

❹轻轻晃动锅身，确认蛋饼能滑动（不粘锅底），用两把铲子将蛋饼翻面。

❺待饼煎出焦香后，案板铺上吸油纸，摆上蛋饼，吸去多余油脂。

❻蛋饼按"米"字形切开，摆盘，可搭配大麦茶，清爽解腻。

饺子皮酥脆葱油饼

30 分钟

食材（2人份）

饺子皮	10张
盐	1茶匙
椒盐粉	1茶匙
五香粉	1茶匙
葱花	适量
色拉油	适量

早餐速配

主食	饺子皮 酥脆葱油饼
配菜	清煮西蓝花
饮品	橙汁

好吃贴士

利用几片饺子皮就能制成口感酥脆的葱油饼，非常方便，也可以按照同样的做法将馅料换成豆沙馅，口感也很好。

❶ 饺子皮用擀面杖擀成更薄的圆形面皮备用。

❷ 取一张薄饺子皮，刷上一层油，撒上适量盐、椒盐粉、五香粉、葱花。

❸ 再盖上一张薄饺子皮，刷上一层油，撒上适量盐、椒盐粉、五香粉、葱花，依次叠加，共5张，成葱饼。

❹ 将叠加好的薄饺子皮再次用擀面杖擀开压实。按同样方法将另一组5张饺子皮擀成葱饼。

❺ 油锅烧热，中火，放入饺子皮葱油饼，煎至一面呈金黄色时翻面。

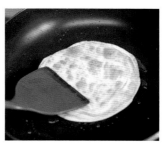

❻ 煎至两面都呈金黄色，取出，用吸油纸吸掉多余的油，按"米"字形将饼切开即可。

香薯饼

30 分钟

扫一扫 跟着做

食材（2人份）

面包糠	1碗
鸡蛋	2个
胡萝卜	1根半
培根	1或2片
土豆	2~3个
盐	1茶匙
熟玉米粒	2瓷勺
葱花	适量
色拉油	适量

早餐速配

主食	香薯饼
配菜	黄瓜拌木耳
饮品	胡萝卜汁

❶土豆洗净、去皮，放入蒸锅，大火蒸约8分钟，至筷子能轻松插入，关火，盖上锅盖，闷五分钟。

❷胡萝卜洗净、去皮，切丁；培根切小段；准备好葱花、熟玉米粒；1个鸡蛋打散备用。

❸取出土豆，趁热用勺子压碎，保留些颗粒，放入1/3胡萝卜丁、培根段、葱花、熟玉米粒，打入1个鸡蛋，放入盐，搅拌均匀。

❹稍晾凉后，用手将土豆碎搓成团，轻轻按扁，表面裹上蛋液，再裹上面包糠。

好吃贴士

薯饼本身已经是熟的，所以只需将表面煎出酥脆焦黄即可，这样做不仅缩短了制作时间，还能减少油的用量，更加低脂健康。

❺鸡蛋汉堡锅中刷上一层色拉油，烧热后放入薯饼，两面煎至金黄。

❻用硅胶勺取出薯饼，撒上葱花即可。

京葱肉饼

 50 分钟

扫一扫 跟着做

食材（4人份）

中筋面粉	300克	清水	190毫升
猪肉糜	150克	白砂糖	7克
鸡蛋	1个	盐	4克
大葱	35克	生抽	2克
鸡精（可选）	2克	五香粉	适量
老抽	1茶匙	色拉油	适量

早餐速配

主食	京葱肉饼
饮品	大麦茶
水果	葡萄

❶ 面粉倒入碗中，一边缓缓倒入190毫升清水，一边用筷子向同一个方向画圈搅至絮状，用手揉至无干粉状态，盖上湿布，室温下醒发约30分钟。

❷ 大葱洗净、切末，放入装有猪肉糜的盆中，打入鸡蛋，倒入盐、生抽、鸡精、老抽、色拉油、白砂糖、五香粉，搅拌至起浆。

❸ 料理台撒上面粉，将面团一分为二，取1个面团拍扁，用擀面杖擀成椭圆形。

❹ 将肉馅均匀地平铺在面饼上，四周用刮刀各开两道口，右下角留白。

❺ 先将留白的1块覆盖中间的面饼，再将左边的面饼覆盖叠加到中间，接着将面饼往上叠加，依次操作。

❻ 按（右－左－中间）步骤，逐个覆盖。（折叠方法也可参照二维码视频教程）

❼ 用手适当整形，将四周粘合，轻轻拍扁面团，用擀面杖擀薄。用同样的方法做好另一个肉饼。

❽ 油锅烧热，放入肉饼，煎至两面焦黄。

❾ 盖上锅盖，小火焖1~3分钟即可。

好吃贴士

本食谱建议在周末或时间充裕的早晨制作。

什蔬薄皮烙饼

60分钟

扫一扫 跟着做

食材（2或3人份）

面粉	300克	鸡精（可选）	适量
清水	170毫升	盐	1茶匙半
韭菜	1把	白砂糖	1/2茶匙
鸡蛋	2个	五香粉	适量
胡萝卜	1段	芝麻油	1茶匙
干香菇	3朵	蚝油	1/2瓷勺
粉丝	1把	色拉油	适量

早餐速配

主食	什蔬薄皮烙饼
配汤	酸辣汤
水果	樱桃

❶ 制作面皮：面粉放入碗中，边倒入170毫升清水边搅拌，搅成絮状，揉成光滑无干粉的面团，盖上保鲜膜，醒发约30分钟。

❷ 制作馅料：粉丝用温水泡软，切成约2厘米的段；干香菇用温水泡发，切丁；胡萝卜洗净、去皮，切块；香菇丁、胡萝卜块放入料理机打碎。

❸ 韭菜洗净、沥干，切碎，放入碗中，倒入1瓷勺色拉油，搅拌均匀。

❹ 油锅烧热，鸡蛋打散后倒入锅中，炒散后放入装有韭菜的碗中，加入粉丝段、香菇丁、胡萝卜碎、白砂糖、盐、五香粉、鸡精、芝麻油、蚝油、色拉油，搅拌均匀。

❺ 油锅烧热，倒入拌好的韭菜鸡蛋馅料，翻炒至八分熟，盛出晾凉备用。

❻ 取出面团，搓成长条，分成大小均匀的剂子，将剂子按扁，擀成圆形面皮。

❼ 面皮上放上馅料，像包包子一样将收口收紧，揪去多余的面团头，轻轻压扁。依次做好所有面饼。

❽ 电饼铛预热，刷上一层色拉油，放入馅饼，轻轻按压，煎至两面金黄即可。

好吃贴士

若家中没有电饼铛，也可以用平底锅，倒入少量色拉油，放入馅饼，两面煎至焦黄即可。

洋葱鸡肉派

食材（2人份）

鸡腿肉	300克
洋葱	1个
手抓饼	2片
马苏里拉芝士	1把
鸡蛋	1个
盐	1茶匙
鸡精（可选）	适量
欧芹碎（现磨）	适量
黑胡椒碎（现磨）	适量
色拉油	适量

早餐速配

主食	洋葱鸡肉派
配汤	虾皮紫菜汤
水果	苹果

好吃贴士

手抓饼本身有一定油脂，所以无需另外刷油烤制。如果家中没有烤箱，也可以将鸡肉炒至九分熟，用手抓饼包好后，放入平底锅用少量油煎制。

❶鸡腿肉切丁，倒入碗中，倒入盐、鸡精，研磨上黑胡椒碎，搅拌均匀；洋葱洗净，切丁；鸡蛋搅打成蛋液备用。

❷油锅烧热，倒入鸡腿肉丁和洋葱丁，翻炒至鸡肉半熟。

❸烤盘内垫锡纸，四周折起，铺一片手抓饼，放上洋葱鸡肉丁，撒上马苏里拉芝士。

❹再盖上一片手抓饼，轻轻按压边缘，使其黏合。

❺烤箱预热200℃，手抓饼表面刷一层蛋液，放入烤箱，烤15分钟，取出切开。

❻将切好的手抓饼摆盘，研磨上欧芹碎即可。

小摊蛋饼

\25分钟/

食材（2人份）

面粉	70~80克
鸡蛋	1或2个
清水	180~190毫升
油条	1根
盐	适量
葱花	适量
色拉油	适量
熟黑芝麻	适量

早餐速配

主食	小摊蛋饼
饮品	牛奶
水果	葡萄

扫一扫 跟着做

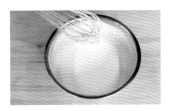

❶面粉放入碗中，边搅拌边倒入180~190毫升清水，搅成较稀的面糊。

❷放入葱花、盐，搅拌均匀。

❸平底锅刷一层油，倒入面糊，轻轻摇晃锅身，使面糊铺匀，待面糊成形，翻面。

❹淋上适量色拉油，打入鸡蛋，戳破蛋黄，再次翻面。

❺用铲子轻压面饼，煎至面饼两面金黄，盛出。

❻面饼稍晾凉，放上油条，卷起，撒上熟黑芝麻即可。

{元气三明治}

MORNING

草莓吐司

15 分钟

食材（2人份）

草莓	3~5个
蓝莓	1把
奶油芝士	1汤匙
酸奶	2汤匙
吐司	2~4片
坚果碎	1包
薄荷叶	适量

早餐速配

主食	草莓吐司
配菜	鸡肉烤芦笋
饮品	咖啡

扫一扫 跟着做

❶草莓洗净、沥干，去蒂，竖着对半切开；蓝莓洗净。

❷奶油芝士、酸奶倒入碗中，搅拌均匀即成酸奶芝士。

❸取一片吐司，均匀地抹上酸奶芝士，放上草莓。以同样的方法制作其他吐司。

❹吐司的空隙处摆上蓝莓，点缀上薄荷叶，撒上坚果碎即可。

好吃贴士

撒些薄荷叶，清凉香甜，如果不喜欢薄荷的气味，也可以不放。奶油芝士可提前从冰箱取出软化，方便搅拌。

40分钟 / 酸奶吐司杯

食材（3人份）

吐司	2片
酸奶	2杯
草莓	4~6个
即食麦片	1碗
蓝莓	1把
蜂蜜	适量
巧克力棒	适量

早餐速配

主食	酸奶吐司杯
配菜	烤南瓜沙拉
坚果	腰果

好吃贴士

烤吐司块时可将吐司块刷上熔化好的黄油，表面再撒上粗砂糖，烤至焦黄酥脆，晾凉后一次吃不完，存放于密封罐可保存数日。

❶吐司切成约2厘米见方的小块，烤箱预热160℃，烤盘铺油纸，放上吐司块，烤30分钟。

❷蓝莓洗净，沥干；草莓洗净、沥干，去蒂，按"十"字形从顶部切成块。

❸杯的底部铺上1/3吐司块，撒上即食麦片。以同样的方法做另外两杯。

❹各杯均匀放上草莓块和蓝莓，淋上酸奶和蜂蜜，点缀上巧克力棒即可。

吐司比萨套餐

食材（2人份）

吐司	2片
培根	1片
西蓝花	1朵
酸奶	1杯
圣女果	2~4个
草莓	4~5个
沙拉酱	2汤匙
熟玉米粒	适量
马苏里拉芝士碎	适量

早餐速配

主食	吐司比萨
配菜	麻汁豇豆
饮品	草莓酸奶

❶西蓝花洗净，切小朵，放入沸水中焯烫10秒，捞出。

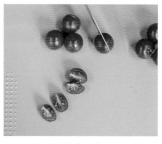

❷圣女果洗净，切丁；熟玉米粒从罐头中取出，沥干备用；培根切小段。

❸吐司表面抹上沙拉酱，铺上熟玉米粒。

❹摆上圣女果丁、西蓝花朵、培根段，撒上马苏里拉芝士碎。

好吃贴士

用吐司做小比萨非常快手又可口，制作和烘烤时间短，馅料可随心情安排，甚至不用特意准备配料，就用冰箱中常备的蔬果随意搭配即可。

❺烤箱预热200℃，中层，上下火，放入吐司比萨，烤5~7分钟，至芝士熔化。

❻草莓洗净、去蒂，切丁，放入榨汁机，倒入酸奶，搅打均匀，倒出即可。

口袋三明治

 10分钟

扫一扫 跟着做

食材（2人份）

火腿鸡蛋三明治：

鸡蛋	1个
火腿	2片
吐司	2片
黄油	适量

草莓香蕉三明治：

香蕉	1根
吐司	2片
黄油	适量
草莓酱	适量

早餐速配

主食	口袋三明治
饮品	酸奶
水果	草莓和蓝莓

❶三明治机预热2分钟，铁板上抹上一层黄油，打入鸡蛋，用铲子轻推至填满铁板，扣紧盖子，加热2~3分钟。

❷打开盖子，取出煎蛋，先放上1片吐司，放上煎蛋、火腿片，再放上一片吐司，扣紧盖子，加热2~3分钟。

❸香蕉去皮，切片；吐司刷上一层草莓酱，放上香蕉片。

❹三明治机预热2分钟，铁板上抹上一层黄油，放上草莓酱香蕉吐司片。

好吃贴士

如果家中没有三明治机，也可以直接用平底锅煎制吐司，锅中也无须放油，烘烤至吐司酥脆即可。

❺再盖上1片吐司片，扣紧盖子，加热2~3分钟后取出，稍晾凉后沿对角线切开。

❻将切好的三明治堆叠摆盘，可按照个人的喜好点缀上洗净的草莓和蓝莓。

巧克力华夫饼

20 分钟

扫一扫 跟着做

食材（2人份）

鸡蛋	1个
玉米淀粉	15克
黄油	20克
白砂糖	25克
牛奶	50毫升
低筋面粉	75克
泡打粉	1/4茶匙
香草精	1茶匙
巧克力酱	适量
糖粉	适量
蓝莓	适量

早餐速配

主食	巧克力华夫饼
饮品	牛奶
水果	橙子

好吃贴士

华夫饼烤好时松软有弹性，放凉后外皮酥脆，两种口感各有特色，看个人喜好选择。

❶鸡蛋打入碗中，放入白砂糖，搅拌均匀，倒入香草精，一边搅拌一边倒入牛奶，搅拌打发。

❷倒入软化好的黄油，搅拌均匀成蛋奶液。

❸低筋面粉、玉米淀粉、泡打粉倒入空碗中，翻拌均匀，过筛后倒入装有蛋奶液的碗中，用刮刀翻拌至无干粉状态。

❹华夫饼机预热2分钟，倒入蛋奶液，用勺子铺匀。

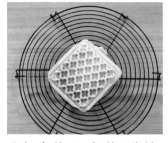

❺扣上盖子，加热3分钟，取出放在烤架上晾凉。

❻切去边缘多余饼皮，切开摆盘，淋上巧克力酱，撒上糖粉，点缀上蓝莓即可。

早餐吐司卷套餐

20 分钟

食材（2人份）

番茄	1个
胡萝卜	1根
吐司	2片
鸡蛋	2个
火腿	2片
生菜	2片
色拉油	适量
木瓜	1/2个
酸奶	1杯

早餐速配

主食	早餐吐司卷
饮品	木瓜酸奶杯

❶ 鸡蛋打散，油锅烧热，倒入蛋液，划散，盛出备用。

❷ 生菜、番茄、胡萝卜洗净，用厨房纸擦干表面水分。

❸ 番茄切片；胡萝卜去皮，擦丝。

❹ 料理台铺上保鲜膜，在中间放上1片吐司，摆上生菜、火腿片、胡萝卜丝、番茄片、鸡蛋碎。

好吃贴士

这一款原味吐司卷，没有添加任何的酱汁，因为火腿片本身有咸味，新鲜蔬果又自带鲜甜，即便没有酱汁，味道也不寡淡；用保鲜膜包装好适合随身携带，吃的时候只需从尾部挤压，吐司卷轻松就能脱膜。

❺ 再盖上1片吐司，用手轻轻按压紧实。

❻ 一只手连保鲜膜一起提起吐司的一边，另一只手抵住面包，将吐司对折卷起。

❼ 拧起两侧的保鲜膜，将吐司卷包起固定，从中间切开。

❽ 木瓜洗净，去皮去瓤，切块，放入酸奶杯，搅拌均匀。

培根菠菜司康

扫一扫 跟着做

92

食材（2人份）

鸡蛋	1或2个
培根	3片
泡打粉	6克
白砂糖	20克
黄油	50克
菠菜	50克
洋葱	50克
面粉	250克
牛奶	50毫升
盐	适量
色拉油	适量

早餐速配

主食	培根菠菜司康
饮品	咖啡
水果	橙子

好吃贴士

选择面粉没有特别的要求，高筋面粉和低筋面粉皆可。这道早餐制作时间稍长，建议周末制作。在制作面糊时，可放入20克奶油，这样做出来的司康，更加香甜。

❶培根切小段；菠菜洗净，去根后切碎；洋葱去皮、洗净，切碎。

❷油锅烧热，爆香洋葱，放入培根段，炒出焦香，盛出晾凉。

❸黄油切小块，放入碗中，倒入面粉，用手搓揉混合，使面粉均匀地包裹住黄油。

❹碗中放入白砂糖、泡打粉、牛奶，打入鸡蛋（留少量蛋清），放入菠菜碎、培根段、盐，搅拌至无干粉状态，切勿过度搅拌。

❺料理台上铺一张保鲜膜，放上面糊，双手蘸适量面粉，将面糊整成圆形，用保鲜膜将面糊包起，冷藏30分钟。

❻取出面团，切块，烤箱预热200℃，放入面团，刷上一层鸡蛋清，烤20分钟即可。

盒子三明治

15分钟

食材（1人份）

吐司	2片
鸡蛋	1或2个
菠萝	1~3片
金枪鱼（罐头装）	适量
牛奶	15毫升
沙拉酱	1汤匙
欧芹碎（现磨）	适量
色拉油	适量

早餐速配

主食	盒子三明治
配菜	土豆泥沙拉
水果	苹果

❶ 鸡蛋打散，一边搅拌一边缓缓倒入牛奶。

❷ 将金枪鱼、沙拉酱倒入碗中，搅拌均匀。

❸ 油锅烧热，倒入蛋奶液，翻炒均匀，划散，盛出备用。

❹ 菠萝片切去中间口感较老的部分，放入锅中，煎至两面焦黄。

❺ 吐司片贴着盒子两侧放置，中间填入鸡蛋。

❻ 贴着吐司片放入菠萝片、金枪鱼，淋上沙拉酱，研磨上欧芹碎即可。

蛋奶西多士

15分钟

食材（2人份）

食材	用量
牛奶	67毫升
鸡蛋	1或2个
吐司	2或3片
猕猴桃	1个
无花果	2个
草莓	3个
黄油	1块
糖粉	1茶匙
肉桂粉	1汤匙
蜂蜜	1汤匙
色拉油	1瓷勺

早餐速配

主食	蛋奶西多士
饮品	酸奶

扫一扫 跟着做

好吃贴士

经典西多士都会用蜂蜜淋酱，如果觉得蜂蜜热量过高或者不想让孩子吃蜂蜜，可以用原味酸奶淋酱；水果的选择因人而异，可以根据实际情况选择应季水果，尽量挑选口感绵软的，与西多士的口感相宜。不喜欢肉桂粉的味道可以不加。

❶鸡蛋打入碗中，一边搅打一边倒入牛奶，再倒入肉桂粉，搅拌均匀。

❷放入吐司片，使其两面及边缘都均匀地裹满蛋奶液。

❸油锅中放入黄油，中火，待黄油熔化，放入吐司片，煎至两面金黄，捞出沥干多余的油，摆盘。

❹草莓洗净、去蒂，切块；猕猴桃去皮，切片；无花果切开；水果放在吐司上，撒上糖粉，淋上蜂蜜。

黄瓜鸡蛋三明治

15分钟

食材（2人份）

橄榄形面包	2个
鸡蛋	2个
黄瓜	1/2根
沙拉酱	1汤匙
黑胡椒碎（现磨）	适量
欧芹碎（现磨）	适量
色拉油	适量

早餐速配

主食	黄瓜鸡蛋三明治
饮品	咖啡
水果	圣女果

❶面包从顶部中间划开，但不要切断。

❷鸡蛋打入碗中，搅拌均匀；黄瓜洗净，切片。

❸油锅烧热，倒入蛋液，划散，盛出备用。

❹黄瓜片、鸡蛋碎塞入面包，挤上沙拉酱，撒上欧芹碎，研磨上黑胡椒碎即可。

好吃贴士

酱汁可按个人喜好换成蜂蜜芥末酱或番茄酱。

{馄饨和饺子}

菜肉大馄饨

45分钟

食材（4人份）

馄饨皮	450克
猪肉糜	250克
青菜	350克
豆腐干	120克
鸡蛋	1个
榨菜	80克
蚝油	10克
色拉油	1瓷勺
鸡精（可选）	3克
盐	9克
白砂糖	2克
生抽	1瓷勺
紫菜	适量
葱花	适量
虾皮	适量
五香粉	适量

早餐速配

主食	菜肉大馄饨
配菜	煎蛋生菜沙拉
水果	橙子

好吃贴士

有些买来的馄饨皮过大，可以事先用刀切去一部分，这样包起来更顺手，造型也更加好看。馄饨可以提前包好放入冰箱冷冻保存，随煮随取。

❶青菜洗净，去根后切碎，放入碗中，加入8克盐，搅拌均匀，静置10分钟出水，挤干。

❷豆腐干、榨菜切碎，放入碗中，放入猪肉糜、色拉油，打入鸡蛋，搅拌均匀。

❸猪肉糜与青菜碎混合均匀，加入1克盐、蚝油、五香粉和鸡精，搅拌均匀。

❹取一张馄饨皮，放入适量馅料，边缘抹上适量清水。

❺如图对边对折，将周围捏紧。

❻连接起馄饨皮的两边，依次包好所有馄饨。

❼锅中倒入适量清水，煮至沸腾，放入馄饨，煮熟后捞出沥干。

❽葱花、紫菜、虾皮、白砂糖、生抽放入碗中，倒入煮好的馄饨和适量热水，搅拌均匀。

鲜肉小馄饨

20分钟

食材（3人份）

馄饨皮	适量	生抽	1瓷勺
猪肉糜	50克	盐	适量
虾仁	适量	紫菜	适量
鸡蛋	2个	葱花	适量
鸡精（可选）	1克	色拉油	适量
蚝油	适量	料酒	适量
五香粉	适量		

早餐速配

主食	鲜肉小馄饨
饮品	豆浆
水果	苹果

提前准备

❶虾仁处理干净后切碎，与猪肉糜放入盆中，加入3克盐、蚝油、料酒、五香粉，打入1个鸡蛋，再加入色拉油和1克鸡精，搅拌起浆。

❷取一张馄饨皮，在中间放上适量馅料，边缘抹上适量清水。

❸如图对角对折，用拇指轻压捏住。

马上就做

❹另一只手可将饺子皮两边往中间推进，最后捏实，依次包好所有的馄饨，冷冻保存。

❺鸡蛋打散，油锅烧热，倒入蛋液，摇晃锅身，铺匀。

❻蛋液凝固后揭起一边，慢慢往另一边卷起，盛出切丝。

❼锅中倒入适量清水，煮至沸腾，放入馄饨，煮熟捞起。

❽葱花、紫菜、盐、生抽放入3个碗中，分别倒入适量热水，放入馄饨和蛋丝。

好吃贴士

包小馄饨的皮比较薄，馅料不宜包得太多。也可以利用包大馄饨剩余的馅料制作小馄饨，在馅料中可加入适量芹菜末或榨菜丝，味道更鲜美。食用时可根据个人口味，放入少许芝麻油和虾米提香增鲜。

芹菜鲜肉冷馄饨

40 分钟

扫一扫 跟着做

食材（5~6人份）

食材	用量
馄饨皮	适量
猪肉糜	500克
榨菜碎	40克
香菜碎	适量
芹菜	1小把
生抽	1瓷勺
蚝油	1瓷勺
鸡精（可选）	3克
熟黑芝麻	适量
鸡蛋	1个
色拉油	1茶匙
盐	8克
料酒	1瓷勺
五香粉	适量
葱花	适量

早餐速配

主食	芹菜鲜肉冷馄饨
饮品	家常咸豆浆
水果	猕猴桃

好吃贴士

馄饨馅如有剩余，可以用来包较多的小馄饨，制作方法可以参考本书第100页的鲜肉小馄饨的包法。将包好的小馄饨放入冰箱冷冻，给老人和小孩当点心或加餐都很方便。

❶ 芹菜洗净、去除叶子后切碎，挤出水分放入碗中，放入猪肉糜、榨菜碎、生抽、蚝油，搅拌均匀。

❷ 倒入盐、五香粉、料酒、色拉油、鸡精，打入鸡蛋，搅拌至上劲黏稠。

❸ 取一张馄饨皮，包入适量馅料，对边对折馄饨皮，将两边粘连起来，依次包好所有的馄饨。

❹ 锅中倒入适量清水，煮至沸腾，放入馄饨，用漏勺推散以免粘底。

❺ 馄饨煮至全熟浮起，盖上锅盖，关火，闷1分钟。

❻ 将馄饨捞出沥干，装盘，撒上熟黑芝麻、香菜碎、葱花即可。

茴香饺子

15 分钟

扫一扫 跟着做

食材（2人份）					早餐速配	
面粉	400克	盐	1茶匙		主食	茴香饺子
茴香	200克	蚝油	1瓷勺		饮品	牛奶
榨菜碎	80克	花椒	适量		水果	橙子
猪肉糜	350克	葱段	2根			
鸡蛋	1个	葱花	适量			
五香粉	1/4茶匙	鸡精（可选）	适量			
清水	200毫升					

❶量杯内放入2根葱段、花椒，倒入100毫升清水，浸泡1小时后捞出葱段和花椒粒，即成葱椒水。

❷面粉倒入碗中，分次加入100毫升清水，用筷子搅拌成絮状，用手揉成团，反扣上碗，静置10分钟。

❸继续揉面折叠2~4分钟，揉至光滑，反扣上碗静置20分钟。

❹茴香洗净、沥干，去根，切碎。

❺猪肉糜放入碗中，放入盐、五香粉、蚝油、鸡精、打入鸡蛋，搅拌均匀，放入榨菜碎、葱花、茴香碎，继续搅拌，其间少量多次加入葱椒水，搅拌上劲。

❻取出面团，搓成长条，分割成两段，切成每个重10~12克的剂子，将剂子按扁，擀成饺子皮。

马上就做

❼取一张饺子皮，放入适量馅料，粘合边缘，用虎口挤压出"小肚子"，依次包好所有饺子，放入冰箱冷冻保存。

❽锅中倒入适量清水，煮沸，放入饺子，用漏勺推散以免粘底。

❾待饺子全熟浮起，盖上锅盖，关火，闷1分钟，捞出即可。

胡萝卜素饺

15分钟

食材（4 人份）

饺子皮	50~60张
胡萝卜	2根
鸡蛋	3个
蒜苗	4根
鲜香菇	4朵
五香粉	1/2茶匙
盐	1/2茶匙
蚝油	1瓷勺
芝麻油	1汤匙
白芝麻	适量
色拉油	适量

早餐速配

主食	胡萝卜素饺
饮品	五谷豆浆
水果	蓝莓

好吃贴士

素食饺子馅料比较细碎，而且没有了肉浆黏合，就容易"出水"，所以拌料时不宜加过多含水分的调料（如料酒、酱油）。包饺子时一定要将饺子皮全部黏合收口以免下水后露馅。

提前准备

❶2个鸡蛋打散；鲜香菇洗净，切丁；蒜苗洗净，切碎；胡萝卜洗净、去皮，切丁。

❷油锅烧热，倒入蛋液炒散，翻炒均匀，晾凉后盛出。

❸胡萝卜丁、香菇丁、蒜苗碎放入料理机打碎，放入碗中，打入1个鸡蛋，加入盐、蚝油、五香粉、白芝麻、芝麻油，搅拌均匀。

❹取一张饺子皮，放入适量馅料，收口，依次包好所有饺子，放入冰箱冷冻保存。

马上就做

❺锅中倒入适量清水，煮沸，慢慢放入饺子，用漏勺推散以免粘底。

❻煮至饺子全熟浮起，盖上锅盖，关火，闷1分钟，捞出即可。

鲜笋木耳蒸饺

15分钟

扫一扫 跟着做

食材（3 人份）

饺子皮	适量
嫩笋	6~8 根
猪肉糜	300 克
黑木耳（干）	1 碗
鸡蛋	1 个
芝麻油	1/2 茶匙
盐	1/2 茶匙
鲍鱼汁（或蚝油）	1 茶匙
白砂糖	1/2 茶匙
生抽	1 瓷勺

早餐速配

主食	鲜笋木耳蒸饺
配菜	凉拌海蜇
饮品	苹果汁

好吃贴士

若直接用现成的饺子皮，蒸饺蒸熟后外皮会比较硬，所以建议将买回的饺子皮再擀一遍再包饺子，皮薄一些，蒸后口感更佳。本道食谱用鲍鱼汁调馅，家中若没有鲍鱼汁也可以用蚝油代替。

提前准备

❶黑木耳提前用温水泡发，切碎；嫩笋洗净，切碎。

❷猪肉糜倒入碗中，放入笋碎、木耳碎、芝麻油、盐、鲍鱼汁（或蚝油）、白砂糖、生抽，打入鸡蛋，搅拌均匀。

❸料理台撒上适量面粉，用擀面杖将饺子皮逐个擀薄。

❹取一张饺子皮，放入适量馅料，边缘抹上适量清水，一层层压出褶皱，收口，依次包好所有饺子，冷冻保存备用。

马上就做

❺饺子放在蒸笼里，保持一定间距。

❻锅中倒入适量清水，放上蒸笼，盖上盖子，大火蒸7~9分钟，关火闷2分钟即可。

脆底冰花煎饺

15分钟

食材（2人份）

速冻饺子	8~10个
淀粉	5克
葱花	适量
熟黑芝麻	适量
红椒丝	适量
色拉油	适量

早餐速配

主食	脆底冰花煎饺
饮品	五谷豆浆
水果	桃子

❶取出速冻饺子；淀粉放入碗中，倒入100毫升清水，混合均匀。

❷平底锅少油，逐个放入饺子，大火热锅，转中火煎至饺子底部金黄，约30秒。

❸淋入水淀粉，迅速盖上锅盖。

❹焖煎至水分蒸发，煎出脆底，关火，闷30秒后盛出，点缀上红椒丝、葱花、熟黑芝麻即可。

好吃贴士

水淀粉一静置就容易沉淀，要搅拌均匀后再淋入锅中。速冻饺子无需解冻，直接放入油锅中煎熟即可。

脆皮生煎锅贴

\ 30 分钟 /

食材（3人份）

食材	分量
馄饨皮	适量
猪肉糜	300克
鸡蛋	1个
虾仁	1小碗
青菜（小）	2~4棵
鸡精（可选）	2克
盐	1/2茶匙
料酒	1/2瓷勺
生抽	1瓷勺
蚝油	适量
熟黑芝麻	适量
葱花	适量
红椒丝	适量
色拉油	适量

扫一扫 跟着做

❶猪肉糜、虾仁放入碗中，打入鸡蛋，加入鸡精、盐，搅拌均匀。

❷青菜洗净、挤干，切碎后放入碗内，加入蚝油、料酒、生抽，搅拌上劲。

❸取一张馄饨皮，中间放上适量馅料，边缘抹上清水，上下合拢，黏合。

❹平底锅刷上一层薄油，中火烧热，逐个放入馄饨，盖上锅盖，煎至温度上升，沿着锅边倒入约50毫升清水。

❺迅速盖上锅盖，转小火焖烧，其间可提起锅子晃动，以免粘底。

❻焖熟后盛出，撒上熟黑芝麻、葱花，点缀上红椒丝即可。

抱蛋煎饺

20分钟

扫一扫 跟着做

食材（2人份）

速冻饺子	7~9个
鸡蛋	1个
熟黑芝麻	适量
色拉油	适量
葱花	适量
彩椒圈	适量

早餐速配

主食	抱蛋煎饺
饮品	绿豆汤
水果	桃子

❶鸡蛋打散；速冻饺子逐个放入平底锅，饺子之间留些空隙。

❷锅内倒入适量油加热，出现"滋滋"声响开始冒热气时，倒入适量清水，快速盖上锅盖。

❸焖蒸1~3分钟，打开锅盖，在饺子的间隙淋入蛋液。

❹盖上锅盖，待蛋液凝固，撒上熟黑芝麻，可撒上葱花和彩椒圈。

好吃贴士

倒水时容易有油飞溅出来，建议贴着锅的边缘迅速倒入，并立刻盖上锅盖，焖蒸的时间根据所用的饺子皮的厚度来调整。市面上有售专门用于制作煎饺的"冷冻煎饺"，这些速冻饺子的皮相对薄一些，焖蒸时间可短一些，而普通速冻饺子或手擀的饺子，焖蒸时间稍微延长一些。

{花样米饭}

牛油果鸡蛋盖饭

10分钟

食材（2人份）

牛油果	1个
鸡蛋	1个
大米	1杯
黄油	1块
柠檬	1片
日式淡口酱油	1汤匙
葱花	适量
熟白芝麻	适量

早餐速配

主食	牛油果鸡蛋盖饭
饮品	牛奶
水果	杧果

提前准备　　　马上就做

❶大米淘洗干净，放入电饭锅，倒入适量清水，设置预约煮饭时间，待早晨煮好后盛出备用。

❷牛油果洗净，去皮去核，切片。

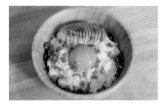

❸鸡蛋滤出蛋黄，放在米饭上，放上牛油果片，撒上葱花。

❹淋上日式淡口酱油，摆上柠檬片和黄油块，撒上葱花、熟白芝麻。

好吃贴士

拌饭若是提前一天做好的，第二天须加热。牛油果选择略熟一些的口感会更绵密。鸡蛋一定要用可生食的无菌鸡蛋，一般大型超市可以买到。黄油要趁热拌匀，不喜欢黄油味的也可以不加。没有日式淡口酱油，可以用低盐酱油代替。

三文鱼牛油果盖饭

10分钟

食材（2人份）

柠檬	1/2个
牛油果	1个
三文鱼刺身	1份
大米	1杯
日式寿司酱油	1瓷勺
沙拉酱	适量
海苔香松	适量

早餐速配

主食	三文鱼牛油果盖饭
配汤	海带味噌汤
水果	樱桃

扫一扫 跟着做

好吃贴士

选购生食的三文鱼一定要选择可信懒的商铺，并挑选刺身专用的三文鱼肉，如果不喜欢生食，也可以煎熟后拌饭，同样美味。

提前准备

❶大米淘洗干净，放入电饭锅，倒入适量清水，设置预约煮饭时间，待早晨煮好后盛出备用。

马上就做

❷牛油果洗净，去皮去核，切块。

❸三文鱼切丁，放入碗中，放入牛油果块，挤入柠檬汁，加入沙拉酱，搅拌均匀。

❹米饭上放上三文鱼牛油果沙拉，淋上日式寿司酱油，撒上海苔香松即可。

海苔肉松三角饭团

\ 20 分钟 /

扫一扫 跟着做

食材（2 人份）

大米	1 杯
切片海苔	4 片
寿司醋	1 瓷勺
芝麻海苔碎	1 汤匙
肉松	1 汤匙
沙拉酱	适量

早餐速配

主食	海苔肉松三角饭团
配菜	茼蒿炒鸡蛋
饮品	草莓酸奶杯

提前准备

❶ 大米淘洗干净，放入电饭锅，倒入适量清水，设置预约煮饭时间，待早晨煮好后盛出备用。

马上就做

❷ 米饭中倒入寿司醋、芝麻海苔碎、肉松，搅拌均匀。

❸ 将拌好的米饭装入三角饭团模具，压实。

❹ 脱模后取出，卷上海苔片，食用前淋上沙拉酱即可。

好吃贴士

没有三角饭团模具也可以用手将饭团捏成自己喜欢的形状，除了基本的海苔肉松，还可以放入日式梅子、鱼肉、蔬菜等食材。

116

紫米粢饭卷

20 分钟

食材（2 人份）

糯米	1/2 碗
紫米	1/2 碗
黄瓜丝	1 份
腌萝卜条	2 条
生菜	2 片
寿司海苔	2 片
台式香肠	1 根

早餐速配

主食	紫米粢饭卷
饮品	牛奶
水果	猕猴桃

扫一扫 跟着做

提前准备

马上就做

❶ 糯米、紫米淘洗干净，放入电饭锅，倒入适量清水，设置预约煮饭时间，待早晨煮好后盛出备用。

❷ 寿司席上铺上保鲜膜，放上煮好的米饭，用勺子铺匀。

❸ 米饭上摆上一片海苔片，依次摆上洗净的生菜、黄瓜丝、腌萝卜条和切好的香肠。

❹ 由靠近自己的一端开始卷起，捏紧，提起席子卷起。

❺ 利用席子将饭慢慢卷起，用力卷紧。

❻ 撤掉寿司席，将两头的保鲜膜收紧，从中间切开。

紫菜包饭

 20分钟

扫一扫 跟着做

食材（2人份）

食材	数量
大米	1杯
胡萝卜	1根
寿司海苔	1~2片
生菜	2片
腌萝卜条	2条
火腿肠	2根
芝麻油	1瓷勺
熟白芝麻	适量
盐	适量
色拉油	适量

早餐速配

主食	紫菜包饭
饮品	五谷豆浆
水果	香蕉

好吃贴士

韩式紫菜包饭不必太过追求精致感，可以不切片，直接拿在手里吃，所包的食材也不是特别讲究，冰箱里的食材都能放入。

提前准备

❶ 大米淘洗干净，放入电饭锅，倒入适量清水，设置预约煮饭时间，待早晨煮好后盛出备用。

马上就做

❷ 火腿肠切长条；生菜洗净，用厨房纸吸干表面水分；胡萝卜去皮，擦丝。

❸ 盛出煮好的米饭，加入芝麻油、熟白芝麻、盐，搅拌均匀，盖上保鲜膜保湿。

❹ 油锅烧热，放入胡萝卜丝，翻炒至胡萝卜丝变软。

❺ 寿司席上铺上1张海苔，放上米饭，铺匀。

❻ 依次铺上生菜、胡萝卜丝、火腿肠、腌萝卜条。

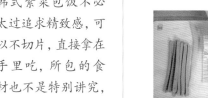

❼ 将饭团收紧卷起，握紧后撤掉寿司席，捏紧两端。

❽ 寿司切块，表面刷一层芝麻油，撒上熟白芝麻即可。

什锦盖浇饭

 25 分钟

扫一扫 跟着做

食材（2人份）

胡萝卜	1/2根
猪里脊	1条
春笋	1根
米饭	2碗
白菜	2~4片
黑木耳（干）	1小把
生抽	2瓷勺
料酒	1瓷勺
淀粉	3茶匙
葱花	适量
色拉油	适量

早餐速配

主食	什锦盖浇饭
配汤	紫菜蛋花汤
水果	桃子

好吃贴士

猪里脊口感滑嫩，特别适合老人和小孩食用。蔬菜可以根据季节，换成时令蔬菜，营养又美味。

❶猪里脊切薄片，放入碗中，倒入1瓷勺生抽、料酒、1茶匙淀粉，搅拌均匀，腌5分钟。

❷黑木耳提前用温水泡发后洗净；白菜叶洗净，切条；胡萝卜和春笋洗净、去皮，切片。

❸2茶匙淀粉倒入碗中，加入2瓷勺清水，搅拌均匀即成水淀粉。

❹油锅烧热，放入猪里脊片，翻炒至五分熟，倒入所有蔬菜，翻炒均匀，倒入适量清水，盖上锅盖，焖煮5分钟。

❺缓缓倒入水淀粉，加入1瓷勺生抽，用铲子画圈翻炒均匀。

❻将什锦浇头淋在热好的米饭上，撒上葱花即可。

快手亲子丼

20 分钟

食材（3 人份）

鸡蛋	3 个
去骨鸡腿肉	1 碗
大葱	1 根
洋葱	1/2 个
香芹	2 根
高汤（或清水）	1 杯
糙米饭	3 碗
生抽	1 瓷勺
料酒	1 瓷勺
白砂糖	1/2 茶匙
盐	1/2 茶匙
海苔香松	1 汤匙
葱花	适量

早餐速配

主食	快手亲子丼
配汤	菠菜汤

❶ 鸡腿肉切小块，放入碗中，放入白砂糖、生抽、盐、料酒，搅拌均匀，腌制 10 分钟。

❷ 洋葱洗净、去皮，切丝；大葱洗净，切碎；鸡蛋打散备用。

❸ 鸡腿肉连腌料一起倒入锅中，大火煮沸；香芹洗净，切碎。

❹ 加入高汤（或清水），大火煮沸，撇去浮沫，放入洋葱丝，倒入适量清水。

❺ 洋葱煮至半透明，放入大葱碎，搅拌均匀，倒入蛋液，盖上锅盖。

❻ 关火闷 1 分钟，盛出后放在热好的米饭上，放上香芹碎、海苔香松、葱花。

30分钟

腊味焖饭

食材（4人份）

大米	1杯半
糯米	1杯半
毛豆	1碗
腊肠	2根
鲜香菇	4朵
广式腊肉	4块
盐	适量
鸡蛋	2个
色拉油	适量

早餐速配

主食	腊味焖饭
配菜	水蒸蛋
水果	苹果

❶ 毛豆洗净；鲜香菇洗净，切丁；腊肠切片；腊肉切丁；大米、糯米洗净，沥干。

❷ 油锅烧热，煸炒腊肠片、腊肉丁，倒入毛豆、香菇丁、大米、糯米。

❸ 中大火炒2分钟后，倒入电饭锅中，加入适量清水，设置预约煮饭时间。

❹ 盛出煮好的米饭，翻拌均匀即可。

❺ 鸡蛋打散，加入适量清水、盐，搅拌均匀，倒入蛋盅。

❻ 蒸锅内倒入适量清水，放入蛋盅，中小火蒸熟即可。

小鱼干炒饭

30分钟

食材（4人份）

丁香鱼干	1/2碗
胡萝卜	1根半
米饭	1碗
大蒜	1瓣
西蓝花	180克
鸡蛋	2个
盐	适量
熟黑芝麻	适量
色拉油	适量

早餐速配

主食	小鱼干炒饭
配菜	清炒双色
水果	樱桃

❶ 胡萝卜洗净、去皮，半根切细丁，1根切片。

❷ 西蓝花洗净、去根，掰小朵；鸡蛋打散；大蒜去皮、洗净，切碎。

❸ 油锅烧热，倒入胡萝卜丁、一半西蓝花朵、蛋液，翻炒至凝固，放入米饭。

❹ 翻炒均匀后倒入丁香鱼干、盐，翻炒均匀，盛出后撒上熟黑芝麻。

❺ 锅内留底油，放入蒜碎、胡萝卜片、剩下的西蓝花朵，翻炒均匀。

❻ 加入盐，倒入适量清水，煮沸后继续煮约20秒，盛出。做好的清炒双色搭配炒饭食用。

食材（3或4人份）	
糯米	450克
干香菇	8~10朵
腊肠	3根
腊肉	2块
洋葱	1/2个
老抽	1瓷勺
料酒	2瓷勺
生抽	2瓷勺
色拉油	适量

早餐速配

主食	生炒糯米饭
配菜	凉拌木耳黄瓜
水果	樱桃

30分钟

生炒糯米饭

扫一扫 跟着做

提前准备　　　马上就做

❶干香菇提前泡发；糯米淘洗干净，放入碗中，倒入适量清水，浸泡至少2小时。

❷香菇、腊肠、腊肉切片；洋葱去皮，切小丁。

❸泡好的糯米沥1次水，再加适量没过米的清水。

❹油锅烧热，倒入香菇片、腊肠片、腊肉片，翻炒出香，倒入洋葱丁，翻炒均匀。

❺糯米连水一起倒入锅中，翻炒均匀，转中小火，加入老抽、料酒、生抽、适量清水，炒至糯米黏稠。

❻继续逐量加水，不停地翻炒，直至糯米全熟。盖上锅盖，转小火焖1分钟，关火闷1~3分钟即可。

咸蛋黄肉粽

30分钟

食材（5人份）

粽叶	50片
猪肉	1000克
糯米	1000克
咸蛋黄	25个

腌料A：

老抽	35毫升
生抽	25毫升
酒	45毫升
白砂糖	28克
盐	1汤匙
鸡精（可选）	1/2盐匙

腌料B：

老抽	50毫升
生抽	25毫升
白砂糖	40克
盐	20克
鸡精（可选）	1/2盐匙

早餐速配

主食	咸蛋黄肉粽
饮品	苹果汁

好吃贴士

粽子一般是在假节日包好，工作日早晨加热即可。提前做好的肉粽可用保鲜袋分装好，冷冻保存，根据实际情况随蒸随取即可。本食谱以五人份为例，标注的30分钟为早晨再次加热的时间。

❶腌料A倒入装有猪肉的碗中，抓拌均匀，腌制3小时。

❷糯米淘洗干净，用清水浸泡一夜。

❸倒掉泡糯米的水，放入腌料B，翻拌均匀，静置1小时。

❹粽叶洗净，用热水烫1分钟，取出沥干。取两片粽叶叠放整齐，卷成漏斗形。

❺放入糯米，约到粽叶的1/3处，放入1或2块猪肉、1个咸蛋黄。

❻填上糯米，用勺子按平压紧，这样煮出来的粽子口感更紧实。

❼将多出的粽叶盖在糯米上，用棉绳扎紧，依次包好所有的粽子。

❽放入高压锅，倒入水，大火上汽后转中火，煮20分钟，关火闷10分钟。可放冰箱冷冻，早上按需蒸熟即可。

荠菜肉丝炒年糕

10 分钟

食材（2 人份）

猪肉丝	100 克
荠菜	100 克
年糕片	350 克
盐	1/2 茶匙
淀粉	1 茶匙
料酒	1 瓷勺
生抽	1 瓷勺
色拉油	适量

早餐速配

主食	荠菜肉丝炒年糕
配汤	海带味噌汤
水果	蓝莓

❶猪肉丝放入碗中，倒入生抽、淀粉、料酒，搅拌均匀，腌制 5 分钟。

❷荠菜洗净、沥干，切末。

❸油锅烧热，倒入猪肉丝，翻炒至五分熟，倒入年糕片，炒散。

❹倒入荠菜末，中火翻炒至年糕片变软，加入盐，翻炒均匀即可。

好吃贴士

荠菜时令性较强，春天有新鲜的当然再好不过，其他季节不容易买到新鲜的荠菜，那就可以买质量可靠的冷冻荠菜末，一般制作前放入滤水篮冲洗一下即可，用来炒制年糕非常方便，也可以做成荠菜肉馅，用来做包子、饺子等。

{包子、馒头、发糕}

酱烤馒头片

15分钟

食材（3人份）

刀切馒头	3个
烧烤酱	2瓷勺
色拉油	1汤匙
孜然粉	适量
欧芹碎（现磨）	适量

早餐速配

主食	酱烤馒头片
配汤	青菜豆腐汤
水果	橙子

❶ 刀切馒头斜切成片，每片厚约1厘米。

❷ 烧烤酱、色拉油、孜然粉、欧芹碎混合均匀成酱料。

❸ 将酱料均匀地刷在馒头片两面。

❹ 烤箱预热180℃，放入馒头片，中层，烤10分钟。

好吃贴士

家里若没有烤箱，也可以用平底锅煎制，早餐尽量少油清爽，锅底只需刷一层薄薄的油即可。

金银馒头

20分钟

食材（2~4人份）

速冻馒头	6~8个
炼乳	2瓷勺
色拉油	适量

早餐速配

主食	金银馒头
配菜	水果沙拉
饮品	牛奶

好吃贴士

如果是冷馒头，直接用油煎即可，无需加热，可以搭配炼乳或者其他自己喜欢的酱料。

❶蒸炖锅内倒入适量清水，放入速冻馒头，蒸5~7分钟，取出晾凉。取一半蒸熟的馒头放入碗中。

❷油锅烧热，放入另一半蒸熟的馒头，中小火，煎至馒头表面金黄。

❸不时翻动馒头，使其每一面都煎至金黄。

❹蒸熟的馒头和煎好的馒头混合摆盘，淋上炼乳即可。

鸡蛋蒸糕

60 分钟

食材（2 人份）				早餐速配	
鸡蛋	3个	白砂糖	40克	主食	鸡蛋蒸糕
柠檬	1/2个	低筋面粉	60克	配汤	红豆汤
玉米油	20克	牛奶	45毫升	水果	油桃

❶将鸡蛋的蛋清和蛋黄分开，放入碗中，用打蛋器打散。

❷牛奶、玉米油倒入碗中，用打蛋器打至乳化。

❸筛入低筋面粉，用刮刀翻拌均匀。

❹加入蛋黄液，用打蛋器画"Z"字形，搅拌至无颗粒（如果不喜欢成品蛋味太浓，可加入几滴香草精）。

❺挤入几滴柠檬汁到装有蛋清的碗中，用电动打蛋器搅打至有粗泡产生。

❻分三次加入白砂糖，继续打发，直至打发成干性发泡（拉起打蛋器，观察蛋白霜状态出现小弯钩）。

❼取1/3的蛋白霜倒入蛋黄糊内，快速翻拌均匀，再加一部分蛋白霜，快速翻拌均匀，倒入剩余的蛋白霜内，翻拌均匀。

❽将面糊倒入模具，包裹上保鲜膜，顶部扎几个小孔放入蒸炖锅中，蒸25分钟。

❾蒸好后闷5分钟，取出鸡蛋糕放在铁架上，稍晾凉即可。

好吃贴士

鸡蛋糕建议周末或者空暇时间制作，若不是当天食用，晾凉后放入保鲜袋扎紧，夏天放入冰箱冷藏室可以保存1~2天，其他季节室温较低时，可以在常温下保存1~2天。

葱肉包子

15 分钟

扫一扫 跟着做

食材（3或4人份）					早餐速配	
中筋面粉	300克		白砂糖	5克	主食	葱肉包子
猪肉糜	300克		甜面酱	2瓷勺	饮品	红枣豆浆
酵母粉	3克		料酒	10克	水果	猕猴桃
清水	185毫升		生抽	5克		
葱花	适量		老抽	1克		
鸡蛋	1个		盐	1克		
五香粉	适量		蚝油（可选）	3克		
姜末	适量		鸡精（可选）	2克		

❶中筋面粉、酵母粉、五香粉、盐、白砂糖、放入碗中，一边倒入185毫升清水一边搅拌，用筷子搅拌成絮状。

❷继续揉面，揉成光滑无干粉的面团，放入碗中，盖上保鲜膜，放在温暖处醒发。

❸其他食材除料酒外全部倒入碗中，搅拌均匀。再倒入料酒时，要分次慢慢地倒入，每次搅拌均匀、水分完全吸收后再倒入。

❹面团醒发至原来2倍大时取出，搓成长条，分成大小差不多的剂子。

❺将剂子按扁，擀成中间厚、两边略薄的面皮。

❻放入适量馅料，捏起边缘，从外往里收，包起。依次包好所有包子，醒发静置15分钟。

❼蒸笼铺上硅胶垫，放入包子，保持一定间距，防止粘连。

❽蒸锅中倒入适量清水，放上蒸笼，中小火蒸15~20分钟，关火，闷2分钟，取出晾凉，冷冻保存。

❾蒸锅中倒入适量清水，放入包子，中小火蒸5~8分钟。

135

青菜木耳包子

15分钟

食材（3或4人份）

中筋面粉	400克	鸡蛋	1个
清水	200~210毫升	盐	5克
酵母粉	3克	鸡精（可选）	5克
青菜（大）	5~6棵	白砂糖	10克
虾米（干）	10~15克	五香粉	1克
黑木耳（泡发后）	70克	蚝油	10克
鲜香菇	5朵	芝麻油	6克
豆腐干	3块		

早餐速配

主食	青菜木耳包子
配菜	水蒸蛋
饮品	橙汁

❶青菜洗净；黑木耳、干虾米提前用冷水泡发，切丁；鲜香菇洗净，切丁；豆腐干切丁。

❷锅中倒入清水，大火煮沸水后放入青菜，关火烫约10秒，捞出过凉水后切碎，挤干水分，放入碗中。

❸碗中倒入所有切丁的食材，打入鸡蛋，加入盐、白砂糖、五香粉、蚝油、芝麻油、鸡精，搅拌均匀，盖上保鲜膜，冷藏一会儿。

❹中筋面粉、酵母粉放入碗中，一边慢慢倒入200~210毫升清水一边搅拌，用筷子搅拌成絮状。

❺揉成基本光滑的面团，醒发20分钟，擀成条状，切成每个重约35克的剂子。

❻在案板上撒上适量面粉，将剂子擀成比手掌略大的圆形面片。

❼放入适量馅料，抓起一角对折，依次捏出褶子，左右拇指按压住馅料同步转动，收口。依次包好所有包子。

❽蒸锅中倒入热水，包子放入蒸笼，盖上锅盖，醒发15~20分钟，待包子膨胀变大，开中小火蒸约15分钟，取出晾凉，冷冻保存。

❾蒸锅中倒入适量清水，放上装有包子的蒸笼，中小火蒸约10分钟，关火，闷5分钟即可。

葱香花卷

扫一扫 跟着做

食材（2或3人份）					早餐速配	
中筋面粉	250克		色拉油	2瓷勺	主食	葱香花卷
酵母粉	2克		椒盐粉	适量	配菜	芹菜炒肉丝
白砂糖	3克		白芝麻	适量	饮品	石榴汁
盐	5克		葱花	适量		
清水	125毫升					

❶ 中筋面粉、酵母粉、白砂糖、盐(盐和酵母用面粉隔开)和125毫升清水一起倒入面包桶内,面包机开启1个和面程序(如果手揉的话,逐量加水揉至面团光滑)。

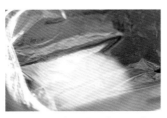

❷ 面团盖上保鲜膜,发酵至原来2倍大后取出,再盖上保鲜膜,松弛约15分钟。

❸ 在料理台上撒上适量面粉,放上面团,用擀面杖轻压排气,擀平成面饼。

❹ 面饼上刷一层色拉油,均匀地撒上葱花、白芝麻、椒盐粉。

❺ 将面饼的一边拉起,慢慢卷成条,平均切成若干份。

❻ 将2个切好的面团叠起,用筷子从中间按压,双手往底部收拢。

❼ 蒸锅中倒入适量水,大火煮沸,关火,蒸笼铺上蒸布,放上花卷,注意保持一定间隙,盖上锅盖,待花卷二次发酵,取出晾凉。

❽ 蒸笼铺上油纸,放入花卷。蒸锅中倒入适量清水,放上装有花卷的蒸笼,中小火蒸约10分钟,关火,闷2分钟即可。

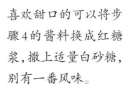

好吃贴士

喜欢甜口的可以将步骤4的酱料换成红糖浆,撒上适量白砂糖,别有一番风味。

虾肉生煎包

50分钟

食材（2或3人份）

中筋面粉	200克	料酒	15克
鸡蛋	1个	色拉油	适量
酵母粉	3克	熟黑芝麻	适量
虾仁	120克	葱花	适量
白砂糖	5克	生抽	15克
盐	3克	蚝油	5克
清水	110毫升	鸡精（可选）	适量
猪肉糜	350克		

早餐速配

主食	虾肉生煎包
水果	苹果
饮品	酸奶

❶110毫升清水与中筋面粉、酵母粉混合，搅拌成絮状，揉成基本光滑的面团，醒发20分钟。

❷虾仁去除虾线，洗净，放入碗中，倒入猪肉糜、葱花、料酒、生抽、盐、白砂糖、蚝油、鸡精，打入鸡蛋，搅拌至起浆。

❸醒发好的面团搓成长条，切成每个重约20克的剂子，擀成圆形面皮。

❹取一张面皮，放入适量馅料，抓起一角对折。

❺依次捏出褶子，左右拇指按压住馅料同步转动，收口。依次包好所有包子。

❻锅中刷上色拉油，放入包子，中火煎至底部微焦，沿着锅的内壁快速倒入清水，水汽上来后立刻盖上锅盖。

❼中小火煎2分钟后关火，盖上锅盖闷1分钟。

❽生煎取出装盘，撒上葱花和熟黑芝麻即可。

好吃贴士

不同品牌的面粉吸水性各异，建议和面的时候分次加水，可以根据面团状态，预留5毫升清水备用，以免一下子加入太多水，面团过湿。此款食谱推荐周末制作，如果用冷藏过的包子，建议制作前先放入蒸锅蒸熟。

虾仁鲜肉烧卖

40 分钟

扫一扫 跟着做

食材（3或4人份）				早餐速配	
熟玉米粒	40克	盐	1茶匙	主食	虾仁鲜肉烧卖
虾仁	100克	白砂糖	1茶匙	配汤	西蓝花浓汤
面粉	200克	虾米（干）	2茶匙	水果	苹果
猪肉糜	300克	老抽	1瓷勺		
热水	100毫升	料酒	1瓷勺		
胡萝卜	1/2根	生抽	1汤匙		
鲜香菇	6~8朵	五香粉	1茶匙		
葱花	适量	色拉油	适量		
姜末	适量				

① 将100毫升热水分2或3次倒入面粉中，拌成絮状，揉至面团光滑，盖保鲜膜，放在温暖处醒发20分钟。

② 猪肉糜、五香粉放入碗中，倒入葱花、姜末、白砂糖、盐、生抽、老抽，拌匀，分2或3次加入料酒，拌匀，腌5分钟。

③ 鲜香菇洗净、去蒂，挤干后切丁；胡萝卜洗净、去皮，切丁；虾仁去除虾线、洗净，切丁；干虾米洗净，切丁。

④ 油锅烧热，放入香菇丁、胡萝卜丁，翻炒均匀，盛出晾凉。其余切丁材料及熟玉米粒放入装有腌好的猪肉糜的碗中。

⑤ 取出醒发好的面团，继续折叠3~5次，揉至面团光滑，盖上保鲜膜静置10分钟。

⑥ 取出面团，分成2份，搓成长条，用刮板分成每个重约15克的剂子。

⑦ 将剂子按扁，擀成中间厚、两边略薄的圆形面皮。

⑧ 面皮中间放上适量馅料。

⑨ 手掌收小挤出褶皱，另一只手帮忙捏出颈部，让馅料挤满收口处。

⑩ 蒸锅倒入适量清水，放上装有烧卖的蒸笼，中小火蒸约10分钟即可。

好吃贴士

烧卖的馅料不需要切得太过细碎，切丁口感更好，除了鲜肉烧卖，还可以放入蒸熟的糯米，即可做成糯米烧卖。本食谱建议周末或空闲时间制作。

烫面脆底玉米包

\60 分钟/

食材（2人份）

玉米粉	100克	热水	90毫升
面粉	200克	冷水	100毫升
酵母粉	2克	色拉油	适量
白砂糖	10克		

早餐速配

主食	烫面脆底玉米包
配菜	西蓝花炒木耳
饮品	雪梨汁

❶玉米粉放入碗中，一边慢慢倒入90毫升热水一边搅拌，搅拌至絮状。

❷将搅好的玉米粉倒入面粉盆内，再倒入白砂糖、酵母粉，搅拌均匀，分2~4次加入100毫升冷水，搅拌均匀。

❸用手揉成光滑的面团，反扣上碗，放在温暖处，发酵至原来2倍大。

❹取出发酵好的面团，在案板上撒上面粉，继续折叠3~5次至面团光滑，盖上保鲜膜，静置10分钟。

❺取出面团，分成两份，搓成长条，每条切分成6个差不多大小的剂子。

❻每个剂子搓成条状，两头稍搓尖一些，盖上保鲜膜静置10分钟。

❼平底锅倒入适量油，逐个放入玉米包，保持一定间距，中火热锅。

❽锅热后倒入一杯水（量约高出锅底0.2厘米），盖上锅盖，转小火，煎至水分蒸发，关火闷1分钟即可。

好吃贴士

制作烫面脆底玉米包时，醒面时间较长，建议周末空暇时制作。或者提前一天做好蒸熟后，放入冰箱冷冻，第二天早上起来用平底锅煎制即可。

奶香馒头

35分钟

食材（3或4人份）	
面粉	300克
炼乳	30克
白砂糖	20克
酵母粉	4克
牛奶	140毫升

早餐速配	
主食	奶香馒头
饮品	咖啡
水果	草莓

扫一扫 跟着做

❶ 面粉倒入碗中，放入酵母粉，分2次倒入牛奶、白砂糖、炼乳，用筷子搅拌成絮状。

❷ 继续揉面，揉至光滑无干粉，放入碗中，盖上保鲜膜，放在温暖处静置10分钟。

❸ 取出醒发好的面团，擀成长方形。

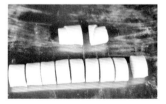

❹ 从上往下卷起，收口，平均分成若干份。

❺ 1个面团垫1片油纸，放入蒸炖锅，发酵至1.5倍大。

❻ 面团发酵好后启动蒸炖锅，蒸8分钟，闷2分钟即可。如果提前做好，第二天再蒸5~10分钟即可。

{创意早餐在家做}

莓果多多早餐杯

\10分钟/

食材（1人份）

树莓	1把
蓝莓	1把
薄荷叶	1片
酸奶	1杯
蜂蜜	1瓷勺
糖粉	适量

早餐速配

主食	莓果多多早餐杯
坚果	杏仁
	（或综合谷物麦片）

扫一扫 跟着做

❶酸奶倒入杯子中。

❷蓝莓、树莓洗净备用。

❸树莓、蓝莓放在酸奶上。

❹点缀上薄荷叶，淋上适量蜂蜜，撒上糖粉即可

好吃贴士

本书中使用的酸奶是希腊酸奶，如果使用含糖的酸奶，则无需再撒糖粉和蜂蜜。早餐杯中的水果可以根据自己的口味和季节更换，不喜欢薄荷味道的话也可以不放，清爽的口感非常适合解暑。

食材（2人份）

甜酒酿	1盒
鸡蛋	2个
干桂花	适量
枸杞子	适量

早餐速配

主食	桂花酒酿蛋
坚果	腰果
水果	圣女果

10分钟

桂花酒酿蛋

扫一扫 跟着做

好吃贴士

如果是处于生理期的女士，可以将酒酿换成红糖，就是一道十分暖胃的红糖水波蛋。

❶锅中倒入适量清水，大火煮沸。

❷打入鸡蛋，轻轻地用筷子搅动，以免鸡蛋粘底。

❸煮至蛋黄快要全部凝固时，倒入甜酒酿、枸杞子，用筷子搅动。

❹尝1小块蛋白，如果甜酒酿甜味足够，则无需再放糖，若喜欢浓郁的甜味可加入适量白砂糖，关火后盛出，撒上干桂花。

韩式葱腌鸡蛋

⏱ 20 分钟

食材（3 人份）

食材	用量
鸡蛋	6~8个
大葱	1根
线椒	2~4根
盐	1茶匙
白砂糖	1茶匙
生抽	3瓷勺
老抽	1瓷勺
鸡汁	1瓷勺

早餐速配

主食	韩式葱腌鸡蛋
配汤	青菜豆腐粉丝汤
水果	杧果

扫一扫 跟着做

提前准备

❶ 锅中倒入适量清水，放入鸡蛋，盖上锅盖，大火煮8分钟。

❷ 鸡蛋煮熟后捞出晾凉，去壳备用。

❸ 大葱洗净，切末；线椒洗净，切圈；一起放入碗中。

❹ 碗中放入盐、白砂糖、生抽、老抽、鸡汁，一边倒入适量清水，一边搅拌均匀。

❺ 密封罐中放入鸡蛋，倒入搅拌均匀的腌料，放入葱末、线椒圈，盖上盖子冷藏。

马上就做

❻ 取出腌好的鸡蛋，腌鸡蛋的汤汁也可以用来制作一道快手拌面或者拌饭。

橄榄油番茄焗蛋

20分钟

食材（2人份）

洋葱	1颗
番茄	2个
鸡蛋	1个
香菜	2~4根
海盐	1茶匙
色拉油	适量
番茄酱	1瓷勺
黑胡椒碎（现磨）	适量

早餐速配

主食	法棍
配菜	橄榄油番茄焗蛋
水果	蓝莓

扫一扫 跟着做

好吃贴士

鸡蛋上可以放上一片芝士片，一同放入烤箱，烤至芝士熔化，拉丝的芝士配上酸甜的番茄，美味升级。

❶ 洋葱去皮，切丁；番茄洗净、沥干，切丁；香菜洗净、沥干，切碎。

❷ 油锅烧热，放入洋葱丁，翻炒出香，倒入番茄丁、番茄酱、海盐，翻炒均匀。

❸ 番茄丁、洋葱丁炒至熟软后倒入碗中，打入鸡蛋。

❹ 烤箱预热200℃，放入装有番茄、洋葱和鸡蛋的碗，烤10分钟，取出研磨上黑胡椒碎，撒上香菜碎即可。

番茄沙拉

15分钟

食材（2人份）

黄瓜	1/3根
番茄（樱桃番茄）	3个
马苏里拉芝士球	3个
新鲜罗勒叶	适量
黑胡椒碎（现磨）	适量
海盐	适量
橄榄油	适量

早餐速配

主食	柠香恰巴塔面包
配菜	番茄沙拉
饮品	橙汁

扫一扫 跟着做

❶ 番茄洗净，切片；芝士球切片。

❷ 罗勒叶洗净；黄瓜洗净，切丁。

❸ 先放1片番茄在碗中，再贴着番茄放上1片芝士切片，依次叠加摆盘，倒入黄瓜丁、橄榄油。

❹ 放上罗勒叶，撒上海盐，研磨上黑胡椒碎，食用前翻拌均匀即可，可按个人口味加入少许芝麻油。

好吃贴士

番茄搭配马苏里拉芝士是经典的沙拉组合，加上口味浓郁的罗勒叶，风味更佳。清爽却有独特风味的沙拉搭配恰巴塔等面包，从早餐轻松开启一天的美好生活。本道食谱用的是樱桃番茄，它被誉为拥有"黄金酸甜比"，若购买不方便，可用大一些的圣女果替代。

食材（2人份）

洋葱	1/2个
红薯	1个
土豆	1个
台式香肠	1根
海盐	1/2瓷勺
混合胡椒碎（现磨）	适量
香芹叶	适量
色拉油	适量

早餐速配

主食	双薯炒肠仔
配汤	番茄牛腩汤
水果	樱桃

15分钟 **双薯炒肠仔**

❶ 洋葱洗净，切丁；台式香肠切段。

❷ 土豆、红薯洗净、去皮，切丁。

❸ 油锅烧热，放入洋葱丁，翻炒出香。

❹ 倒入土豆丁、红薯丁，翻炒均匀。

❺ 转中火，放入海盐，翻炒均匀，用锅铲按压煎出焦香，倒入香肠段翻炒均匀。

❻ 食用时可以研磨上适量混合胡椒碎，点缀上香芹叶即可。

土豆沙拉

25 分钟

扫一扫 跟着做

食材（3 人份）

牛奶	150毫升
黄瓜	1根
火腿	2片
土豆	3个
鸡蛋	3个
即食青豌豆	1茶匙
苹果醋	1/2瓷勺
沙拉酱	2瓷勺
欧芹碎（现磨）	适量

早餐速配

主食	土豆沙拉
坚果	杏仁
饮品	蜜柚汁

好吃贴士

青豌豆建议购买品质可靠的罐头青豆，制作方便；土豆不用完全捣成泥，保留些土豆颗粒，这样口感会更好。如果没有苹果醋，可以不加。家里有红肠或方腿等即食肉制品，也可以替换火腿。

❶土豆洗净、去皮，切块，放在盘子中，蒸锅中倒入适量水，大火煮开，放入装有土豆的盘子，中火蒸10~15分钟。

❷另取一锅，倒入适量水，大火煮沸后放入鸡蛋，煮10分钟，捞出晾凉。

❸取出蒸熟的土豆，趁热用勺子碾碎，倒入牛奶，加入沙拉酱、苹果醋，搅拌均匀。

❹水煮蛋去壳，对半切开，取半个鸡蛋切小块，剩余的水煮蛋取出蛋白，切小块。

❺黄瓜洗净，去皮，切薄片，撒上盐，待黄瓜出水后挤干。火腿切小片。

❻黄瓜片、火腿片放入装有土豆泥的碗中，翻拌均匀，放上鸡蛋块、即食青豌豆，再次拌匀，研磨上欧芹碎即可。

土豆泥芝士杯

35 分钟

食材（3人份）

土豆	3个
水牛芝士球	2个
牛奶	200毫升
淀粉	1/2瓷勺
混合胡椒碎（现磨）	适量
欧芹碎（现磨）	适量
香芹叶	适量
色拉油	适量

早餐速配

主食	土豆泥芝士杯
坚果	核桃仁
饮品	火龙果梨汁

❶土豆洗净、去皮，切块，放在盘子中。

❷蒸锅中倒入适量清水，大火煮沸，放入装有土豆的盘子，中火蒸10~15分钟。

❸蒸好后取出，趁热将土豆块用勺子压成泥，加入淀粉，分两次倒入100毫升牛奶，研磨上适量胡椒碎，翻拌均匀。

❹油锅烧热，倒入土豆泥，放入水牛芝士球，翻炒均匀。

好吃贴士

炒得松软绵密的土豆泥，入口即化，调味也很简单，很适合小朋友和老人，如果没有水牛芝士可以用普通马苏里拉芝士代替。

❺一边翻炒一边慢慢地倒入剩下的100毫升牛奶，翻炒出香味。

❻盛出，研磨上适量混合胡椒碎，点缀上欧芹碎、香芹叶即可。

无油鸡肉饭

35 分钟

食材（2人份）

面粉	100克
面包糠	200克
卷心菜	1/2棵
米饭	1碗
鸡蛋	2个
鸡腿	2只
盐	1/2茶匙
白砂糖	1茶匙
生抽	1瓷勺
料酒	1瓷勺
熟黑芝麻	适量
混合胡椒碎（现磨）	适量
鸡精（可选）	适量

早餐速配

主食	无油鸡肉饭
配菜	凉拌黄瓜
水果	水蜜桃

❶卷心菜洗净，用厨房纸擦干水分，切丝。

❷鸡腿洗净，去除骨头，切小块，放入碗中。

❸放入盐、白砂糖、鸡精、料酒、生抽、研磨上混合胡椒碎，打入1个鸡蛋，抓拌均匀，腌制5分钟。

❹1个鸡蛋打散，腌好的鸡肉先裹上一层面粉，再裹上一层蛋液，最后裹上一层面包糠。

好吃贴士

卷心菜也可搭配沙拉酱单独享用，不习惯生吃卷心菜，也可将其焯熟后食用。

❺烤箱预热185℃，放入裹好面衣的鸡肉，中层，烤30分钟。

❻米饭加热后盛入碗中，放上鸡肉块、卷心菜丝，撒上熟黑芝麻即可。

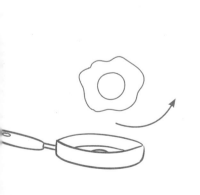